崧燁文化

曹永忠、張程、鄭昊緣
楊柳姿、楊楠 著

ESP32程式教學
（常用模組篇）

ESP32 IOT Programming (37 Modules)

自序

ESP 32 開發板系列的書是我出版至今九年多，出書量也破一百三十多本大關，專為 ESP 32 開發板的第三本教學書籍，當初出版電子書是希望能夠在教育界開一門 Maker 自造者相關的課程，沒想到一寫就已過八年多，繁簡體加起來的出版數也已也破一百三十多本的量，這些書都是我學習當一個 Maker 累積下來的成果。

這本書可以說是我的書另一個里程碑，之前都是以專案為主，以我設計的產品或逆向工程展開的產品重新實作，但是筆者發現，很多學子的程度對一個產品專案開發，仍是心有餘、力不足，所以筆者鑑於如此，回頭再寫基礎感測器系列與程式設計系列，希望透過這些基礎能力的書籍，來培養學子基礎程式開發的能力，等基礎扎穩之後，面對更難的產品開發或物聯網系統開發，有能游刃有餘。

目前許多學子在學習程式設計之時，恐怕最不能了解的問題是，我為何要寫九九乘法表、為何要寫遞迴程式，為何要寫成函式型式…等等疑問，只因為在學校的學子，學習程式是為了可以了解『撰寫程式』的邏輯，並訓練且建立如何運用程式邏輯的能力，解譯現實中面對的問題。然而現實中的問題往往太過於複雜，授課的老師無法有多餘的時間與資源去解釋現實中複雜問題，期望能將現實中複雜問題淬鍊成邏輯上的思路，加以訓練學生其解題思路，但是眾多學子宥於現實問題的困惑，無法單純用純粹的解題思路來進行學習與訓練，反而以現實中的複雜來反駁老師教學太過學理，沒有實務上的應用為由，拒絕深入學習，這樣的情形，反而自己造成了學習上的障礙。

本系列的書籍，針對目前學習上的盲點，希望讀者從感測器元件認識、使用、應用到產品開發，一步一步漸進學習，並透過程式技巧的模仿學習，來降低系統龐大產生大量程式與複雜程式所需要了解的時間與成本，透過固定需求對應的程式撰寫技巧模仿學習，可以更快學習單晶片開發與 C 語言程式設計，進而有能力開發出原有產品，進而改進、加強、創新其原有產品固有思維與架構。如此一來，因為學子們進行『重新開發產品』過程之中，可以很有把握的了解自己正在進行什麼，對於學習過程之中，透過實務需求導引著開發過程，可以讓學子們讓實務產出與邏輯化思考產生關連，如此可以一掃過去陰霾，更踏實的進行學習。

　　這八年多以來的經驗分享，逐漸在這群學子身上看到發芽，開始成長，覺得 Maker 的教育方式，極有可能在未來成為教育的主流，相信我每日、每月、每年不斷的努力之下，未來 Maker 的教育、推廣、普及、成熟將指日可待。

　　最後，請大家可以加入 Maker 的知識分享(Open Knowledge)的行列。

曹永忠 於貓咪樂園

自序

　　長期以來，與物聯網相關的產品系統，都需要對電子電機、數位邏輯、程式語言等各領域有多方面的瞭解，而這對於很多初學者來說，將其聯繫起來並做出一份不錯的專題，通常要花費數倍的時間。枯燥的程式語言以及硬體設計及排錯更是令很多人對此望而卻步。初學程式之時，沒有相關的硬體與之配合學習，很多人對程式的實用性產生了困惑，從而造成學習上的困難，遭遇學習瓶頸，更不要提再深入學習，踏入令人成就感十足的實作世界了。現在市面上很多關於物聯網系統的書籍及資料都是針對於有著不錯基礎讀者而設計，很少能找到針對于初學者而去設計的書籍，很多人想學卻苦於沒有適合自己的參考書籍，只能一步步去自己摸索，如此一來，便多花了不少精力與實踐，可謂是事倍功半。

　　針對於以上的實際問題，筆者在本書中主要以 ESP32S 開發板為例，從環境的搭建開始，利用 37 個基礎感測模組向大家一一展現物聯網實作的魅力。為了方便讀者閱讀，每一個模組介紹也附上對應模組的介紹與電路腳位介紹，節約大家學習的時間與成本，提高學習的效率。筆者衷心希望本書能夠在學習上幫到大家，讓大家少走一些冤枉路，早日體會到物聯網世界帶來的樂趣！

　　本書經多次斟酌校正，但難免有疏漏或不妥之處，歡迎大家來信批評指正，以便筆者在未來的作品中能夠做得更好！

張程

自序

在這個資訊技術不斷發展的時代，物聯網作為資訊科技產業的第三次革命產物逐漸為越來越多的人所熟知。物聯網指的是把所有物品通過資訊感測設備與互聯網連接起來，進行資訊交換，即"物物相連"，以實現智能化識別和管理。其涵蓋的龐大知識體系往往會令許多初學者或基礎程式開發能力較差的人，不易進入學習物聯網的知識領域。

因此，本書以 ESP 32 開發板為例，從基礎出發為讀者揭開物聯網的神秘面紗。在這本書中筆者透過解析與使用每一個模組使用，將運用感測模組的知識已實際的範例程式呈現。這樣可以加快讀者在實務中理解書中知識點，還可以運用所學知識解決現實生活中遇到的困難，培養良好的邏輯思維。除此之外，在每個感測模組範例中，筆者還附上了感測模組範例所需的材料表、電路圖、測試程式結果畫面、實驗所需元件的腳位圖等供讀者參考。

知識源自實踐，邊學邊做才可以將所學知識融會貫通。所以，筆者建議讀者首先根據書中感測模組描進行學習，瞭解開發板和環境感測中如何應用的常識，按照書中的簡單例子操作，一步一個腳印學習摸索。學習是一個長期積累的過程，只要持之以恆，知識豐富了，終能發現其奧秘。衷心祝願每位讀者都能從本書中吸收到有用的知識。

書中錯誤和不妥之處，在所難免，殷切希望閱讀本書的讀者給予批評指正。

楊楠

目　錄

物聯網系列

本書是『ESP 系列程式設計』的第三本書，主要教導新手與初階使用者之讀者熟悉使用 ESP32 開發板使 ESP32S 的屠龍寶刀-周邊模組。

ESP32S 開發板最強大的不只是它的簡單易學的開發工具，最強大的是它豐富的周邊模組與簡單易學的模組函式庫，幾乎 Maker 想到的東西，都有廠商或 Maker 開發它的周邊模組，透過這些周邊模組，Maker 可以輕易的將想要完成的東西用堆積木的方式快速建立，而且最強大的是這些周邊模組都有對應的函式庫，讓 Maker 不需要具有深厚的電子、電機與電路能力，就可以輕易駕馭這些模組。

所以本書要介紹市面上最完整、最受歡迎的 37 件 ESP32S 模組，讓讀者可以輕鬆學會這些常用模組的使用方法，進而提升各位 Maker 的實力。

1

CHAPTER

開發板介紹

　　ESP32 開發板是一系列低成本，低功耗的單晶片微控制器，相較上一代晶片 ESP8266，ESP32 開發板 有更多的記憶體空間供使用者使用，且有更多的 I/O 口可供開發，整合了 Wi-Fi 和雙模藍牙。 ESP32 系列採用 Tensilica Xtensa LX6 微處理器，包括雙核心和單核變體，內建天線開關，RF 變換器，功率放大器，低雜訊接收放大器，濾波器和電源管理模組。

　　樂鑫（Espressif）1於 2015 年 11 月宣佈 ESP32 系列物聯網晶片開始 Beta Test，預計 ESP32 晶片將在 2016 年實現量產。如下圖所示，ESP32 開發板整合了 801.11 b/g/n/i Wi-Fi 和低功耗藍牙 4.2（Buletooth / BLE 4.2），搭配雙核 32 位 Tensilica LX6 MCU，最高主頻可達 240MHz，計算能力高達 600DMIPS，可以直接傳送視頻資料，且具備低功耗等多種睡眠模式供不同的物聯網應用場景使用。

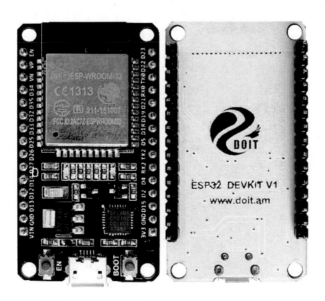

圖 1 ESP32 Devkit 開發板正反面一覽圖

---

1 https://www.espressif.com/zh-hans/products/hardware/esp-wroom-32/overview

· ESP32 **特色：**

- 雙核心 Tensilica 32 位元 LX6 微處理器
- 高達 240 MHz 時脈頻率
- 520 kB 內部 SRAM
- 28 個 GPIO
- 硬體加速加密（AES、SHA2、ECC、RSA-4096）
- 整合式 802.11 b/g/n Wi-Fi 收發器
- 整合式雙模藍牙（傳統和 BLE）
- 支援 10 個電極電容式觸控
- 4 MB 快閃記憶體

資料來源：https://www.botsheet.com/cht/shop/esp-wroom-32/

ESP32 **規格：**

- 尺寸：55*28*12mm(如下圖所示)
- 重量：9.6g
- 型號：ESP-WROOM-32
- 連接：Micro-USB
- 芯片：ESP-32
- 無線網絡：802.11 b/g/n/e/i
- 工作模式：支援 STA / AP / STA+AP
- 工作電壓：2.2 V 至 3.6 V
- 藍牙：藍牙 v4.2 BR/EDR 和低功耗藍牙（BLE、BT4.0、Bluetooth Smart）
- USB 芯片：CP2102
- GPIO：28 個
- 存儲容量：4MBytes
- 記憶體：520kBytes

資料來源：https://www.botsheet.com/cht/shop/esp-wroom-32/

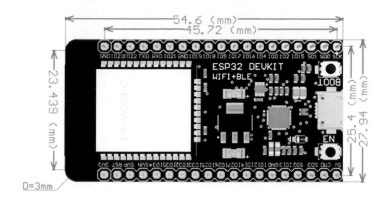

圖 2 ESP32 Devkit 開發板尺寸圖

ESP32 WROOM

ESP-WROOM-32 開發板具有 3.3V 穩壓器，可降低輸入電壓，為 ESP32 開發板供電。它還附帶一個 CP2102 晶片(如下圖所示)，允許 ESP32 開發板與電腦連接後，可以再程式編輯、編譯後，直接透過串列埠傳輸程式，進而燒錄到 ESP32 開發板，無須額外的下載器。

圖 3 ESP32 Devkit CP2102 Chip 圖

ESP32 的功能[2]包括以下內容：

■ 處理器：

◆ CPU: Xtensa 雙核心 (或者單核心) 32 位元 LX6 微處理器, 工作時脈 160/240 MHz, 運算能力高達 600 DMIPS

■ 記憶體：

◆ 448 KB ROM (64KB+384KB)

◆ 520 KB SRAM

◆ 16 KB RTC SRAM,SRAM 分為兩種

● 第一部分 8 KB RTC SRAM 為慢速儲存器,可以在 Deep-sleep 模式下被次處理器存取

● 第二部分 8 KB RTC SRAM 為快速儲存器,可以在 Deep-sleep 模式下 RTC 啟動時用於資料儲存以及 被主 CPU 存取。

◆ 1 Kbit 的 eFuse，其中 256 bit 為系統專用（MAC 位址和晶片設定）；其餘 768 bit 保留給用戶應用，這些 應用包括 Flash 加密和晶片 ID。

◆ QSPI 支援多個快閃記憶體/SRAM

◆ 可使用 SPI 儲存器 對映到外部記憶體空間，部分儲存器可做為外部儲存器的 Cache

● 最大支援 16 MB 外部 SPI Flash

● 最大支援 8 MB 外部 SPI SRAM

■ 無線傳輸：

◆ Wi-Fi: 802.11 b/g/n

◆ 藍芽: v4.2 BR/EDR/BLE

■ 外部介面：

---

2 https://www.espressif.com/zh-hans/products/hardware/esp32-devkitc/overview

- 34 個 GPIO
- 12-bit SAR ADC ，多達 18 個通道
- 2 個 8 位元 D/A 轉換器
- 10 個觸控感應器
- 4 個 SPI
- 2 個 I2S
- 2 個 I2C
- 3 個 UART
- 1 個 Host SD/eMMC/SDIO
- 1 個 Slave SDIO/SPI
- 帶有專用 DMA 的乙太網路介面,支援 IEEE 1588
- CAN 2.0
- 紅外線傳輸
- 電機 PWM
- LED PWM, 多達 16 個通道
- 霍爾感應器

■ 定址空間

- 對稱定址對映
- 資料匯流排與指令匯流排分別可定址到 4GB(32bit)
- 1296 KB 晶片記憶體取定址
- 19704 KB 外部存取定址
- 512 KB 外部位址空間
- 部分儲存器可以被資料匯流排存取也可以被指令匯流排存取

■ 安全機制

- 安全啟動
- Flash ROM 加密

◆ 1024 bit OTP, 使用者可用高達 768 bit

◆ 硬體加密加速器

- AES

- Hash (SHA-2)

- RSA

- ECC

- 亂數產生器 (RNG)

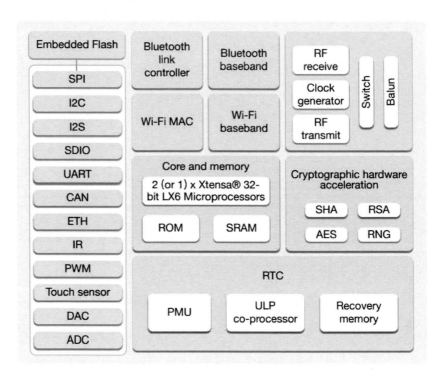

圖 4 ESP32　Function BlockDiagram

NodeMCU-32S Lua WiFi 物聯網開發板

NodeMCU-32S Lua WiFi 物聯網開發板是 WiFi+ 藍牙 4.2+ BLE /雙核 CPU 的開發板(如下圖所示)，低成本的 WiFi+藍牙模組是一個開放原始碼的物聯網平台。

圖 5 NodeMCU-32S Lua WiFi 物聯網開發板

NodeMCU-32S Lua WiFi 物聯網開發板也支持使用 Lua 腳本語言程式設計，NodeMCU-32S Lua WiFi 物聯網開發板之開發平台基於 eLua 開源項目，例如 lua-cjson, spiffs.。NodeMCU-32S Lua WiFi 物聯網開發板是上海 Espressif 研發的 WiFi+藍牙芯片，旨在為嵌入式系統開發的產品提供網際網絡的功能。

NodeMCU-32S Lua WiFi 物聯網開發板模組核心處理器 ESP32 晶片提供了一套完整的 802.11 b/g/n/e/i 無線網路（WLAN）和藍牙 4.2 解決方案，具有最小物理尺寸。

NodeMCU-32S Lua WiFi 物聯網開發板專為低功耗和行動消費電子設備、可穿戴和物聯網設備而設計，NodeMCU-32S Lua WiFi 物聯網開發板整合了 WLAN 和藍牙的所有功能，NodeMCU-32S Lua WiFi 物聯網開發板同時提供了一個開放原始碼的平台，支持使用者自定義功能，用於不同的應用場景。

　　NodeMCU-32S Lua WiFi 物聯網開發板 完全符合 WiFi 802.11b/g/n/e/i 和藍牙 4.2 的標準，整合了 WiFi/藍牙/BLE 無線射頻和低功耗技術，並且支持開放性的 RealTime 作業系統 RTOS。

　　NodeMCU-32S Lua WiFi 物聯網開發板具有 3.3V 穩壓器，可降低輸入電壓，為 NodeMCU-32S Lua WiFi 物聯網開發板供電。它還附帶一個 CP2102 晶片(如下圖所示)，允許 ESP32 開發板與電腦連接後，可以再程式編輯、編譯後，直接透過串列埠傳輸程式，進而燒錄到 ESP32 開發板，無須額外的下載器。

圖 6 ESP32 Devkit CP2102 Chip 圖

NodeMCU-32S Lua WiFi 物聯網開發板的功能　包括以下內容：

- · 商品特色：
  - ◆ WiFi+藍牙 4.2+BLE
  - ◆ 雙核 CPU
  - ◆ 能夠像 Arduino 一樣操作硬件 IO
  - ◆ 用 Nodejs 類似語法寫網絡應用

- ・商品規格：

  - ◆ 尺寸：49*25*14mm

  - ◆ 重量：10g

  - ◆ 品牌：Ai-Thinker

  - ◆ 芯片：ESP-32

  - ◆ Wifi：802.11 b/g/n/e/i

  - ◆ Bluetooth：BR/EDR+BLE

  - ◆ CPU：Xtensa 32-bit LX6 雙核芯

  - ◆ RAM：520KBytes

  - ◆ 電源輸入：2.3V~3.6V

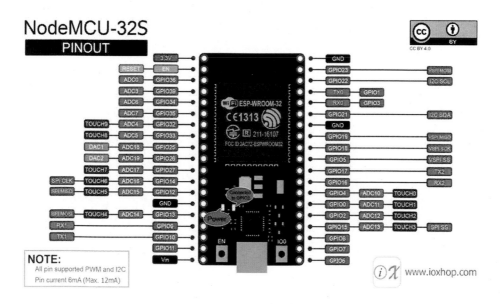

圖 7 NodeMCU-32S 腳位圖

章節小結

本章主要介紹之 ESP 32 開發板介紹，至於開發環境安裝與設定，請讀者參閱『ESP32 程式設計(基礎篇):ESP32 IOT Programming (Basic Concept & Tricks)』一書(曹永忠, 2020a, 2020b, 2020c, 2020d, 2020e, 2020f)，透過本章節的解說，相信讀者會對 ESP 32 開發板認識，有更深入的了解與體認。

2
CHAPTER

基礎實驗

Hello World

首先先來練習一個不需要其他輔助元件，只需要一塊 ESP32S 開發板與 USB 下載線的簡單實驗。

首先，我要讓 ESP32S 說出 "Hello World！" ，這是一個讓 ESP32S 開發板，印出資訊在開發者的個人電腦上的實驗，這也是一個入門試驗，希望可以帶領大家進入 ESP32S 的世界。

如下圖所示，這個實驗我們需要用到的實驗硬體有下圖.(a)的 ESP32S-WROOM-32D 與下圖.(b) USB 下載線：

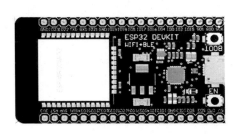 

(a).ESP32S開發板　　　　　　　　(b). USB 下載線

圖 8 Hello World 所需材料表

我們遵照前幾章所述，將 ESP 32 開發板的驅動程式安裝好之後，我們打開 ESP 32 開發板的開發工具：Sketch IDE 整合開發軟體(安裝 Arduino 開發環境，請參考『ESP32 程式設計(基礎篇):ESP32 IOT Programming (Basic Concept & Tricks)』之『Arduino 開發 IDE 安裝』(曹永忠, 2020a, 2020b)，安裝 ESP 32 開發板 SDK 請參考『ESP32 程式設計(基礎篇):ESP32 IOT Programming (Basic Concept & Tricks)』之『安裝 ESP32

Arduino 整合開發環境』(曹永忠, 2020a, 2020b))，編寫一段程式，如下表所示之 Hello World 程式，讓 ESP32S 顯示 "Hello World！"

表 1 Hello World 程式

Hello World 程式(Hello_World)

void setup() {
  Serial.begin(115200);//設置串列傳輸速率為 115200 bps
  pinMode(LED_BUILTIN,OUTPUT);//ESP32S-WROOM-32D 開發板的內置 LED 在第九引腳上，所以這裡我們驅動 D9
}
void loop() {
  delay(500);
  Serial.println("Hello World!");//打開串口監視器，顯示出"Hello World!"字樣
}

程式下載：https://github.com/brucetsao/ESP_37_Modules

如下圖所示，我們可以看到 Hello World 程式結果畫面。

圖 9 Hello World 程式結果畫面

讀取使用者文字顯示於 USB 通訊監控畫面

如果使用者想要輸入一段字，讓 ESP32S 開發板顯示這一段字，本實驗仍只需要一塊 ESP32S 開發板與 USB 下載線的簡單實驗。

首先，我要讓 ESP32S 開發板讀取 USB 下載線，在開發所用的個人電腦上使用 ESP32S 開發板的開發工具：Sketch IDE 整合開發軟體，在下圖之顯示於 USB 通訊監控畫面印出使用者輸入的資料，這也是一個入門試驗，希望可以帶領大家進入與 ESP32S 開發板溝通的世界。

如下圖所示，這個實驗我們需要用到的實驗硬體有下圖.(a)的 ESP32S-WROOM-32D 與下圖.(b) USB 下載線：

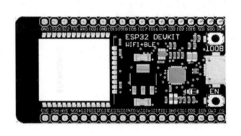

(a).ESP32S開發板　　　　　　　(b). USB 下載線

圖 10 讀取 Serial Port 所需材料表

我們遵照前幾章所述，將 ESP 32 開發板的驅動程式安裝好之後，我們打開 ESP 32 開發板的開發工具：Sketch IDE 整合開發軟體(安裝 Arduino 開發環境，請參考『ESP32 程式設計(基礎篇):ESP32 IOT Programming (Basic Concept & Tricks)』之『Arduino 開發 IDE 安裝』(曹永忠, 2020a, 2020b, 2020f)，安裝 ESP 32 開發板 SDK 請參考『ESP32 程式設計(基礎篇):ESP32 IOT Programming (Basic Concept & Tricks)』之『安裝 ESP32 Arduino 整合開發環境』(曹永忠, 2020a, 2020b, 2020c, 2020e))，編寫一段程

式，如下表所示之讀取使用者文字顯示於 USB 通訊監控畫面，讓 ESP32S 顯示 "Hello World"

表 2 讀取使用者文字顯示於 USB 通訊監控畫面

讀取使用者文字顯示於 USB 通訊監控畫面(Read_String)
``int incomingByte = 0;   // for incoming serial data
void setup() {
Serial.begin(115200);//設置串列傳輸速率為 115200 bps
pinMode(LED_BUILTIN,OUTPUT);//ESP32S-WROOM-32D 開發板的內置 LED 在
第九引腳上，所以這裡我們驅動 D9
}
void loop() {
if (Serial.available() > 0) {
// read the incoming byte:
while (Serial.available() > 0)
{
incomingByte = Serial.read();
Serial.println((char)incomingByte);
}
}
}```

程式下載：https://github.com/brucetsao/ESP_37_Modules

　　如下圖所示，我們可以看到讀取使用者文字顯示於 USB 通訊監控畫面結果畫面。

```
COM6                                                    —  □  ×

[                                                    ]  发送
H
e
l
l
o

W
o
r
l
d

☑ 自动滚屏  □ Show timestamp        换行符 ∨  115200 波特率 ∨   清空输出
```

圖 11 讀取使用者文字顯示於 USB 通訊監控畫面結果畫面

讀取使用者文字顯示十進位值於 USB 通訊監控畫面

如果使用者想要輸入一段字，讓 ESP32S 開發板顯示這些字的 ASC II 十進位值，本實驗仍只需要一塊 ESP32S 開發板與 USB 下載線的簡單實驗。

如圖所示，這個實驗我們需要用到的實驗硬體有下圖.(a)的.ESP32S-WROOM-32D 與下圖..(b) USB 下載線：

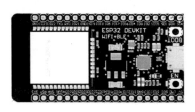 

(a)..ESP32S開發板　　　　　　　(b). USB 下載線

圖 12 讀取 Serial Port 所需材料表

我們遵照前幾章所述，將 ESP 32 開發板的驅動程式安裝好之後，我們打開 ESP 32 開發板的開發工具：Sketch IDE 整合開發軟體(安裝 Arduino 開發環境，請參考『ESP32 程式設計(基礎篇):ESP32 IOT Programming (Basic Concept & Tricks)』之『Arduino 開發 IDE 安裝』(曹永忠, 2020a, 2020b, 2020f)，安裝 ESP 32 開發板 SDK 請參考『ESP32 程式設計(基礎篇):ESP32 IOT Programming (Basic Concept & Tricks)』之『安裝 ESP32 Arduino 整合開發環境』(曹永忠, 2020a, 2020b, 2020c, 2020e))，編寫一段程式，，如下表所示之讀取使用者文字顯示十進位值於 USB 通訊監控畫面程式，讓 ESP32S 以十進位內容方式，顯示 "Hi Hello World" 的 ASC II 內碼值。

表 3 讀取使用者文字顯示十進位值於 USB 通訊監控畫面

讀取使用者文字顯示十進位值於 USB 通訊監控畫面(Read_String2Dec)

int incomingByte = 0;　　// for incoming serial data
void setup() {
　Serial.begin(115200);//設置串列傳輸速率為 115200 bps
　pinMode(LED_BUILTIN,OUTPUT);//ESP32S-WROOM-32D 開發板的內置 LED 在第九引腳上，所以這裡我們驅動 D9
}
void loop() {
　if (Serial.available() > 0) {
　　　　　// read the incoming byte:
　　　　　while (Serial.available() > 0)
　　　　　{
　　　　　　　incomingByte = Serial.read();
　　　　　　　Serial.println(incomingByte,DEC);
　　　　　　　//DEC　for ESP32S display data in Decimal format
　　　　　}
　　　}
}

程式下載：https://github.com/brucetsao/ESP_37_Modules

如下圖所示，我們可以看到讀取使用者文字顯示十進位值於 USB 通訊監控畫面結果畫面。

圖 13 讀取使用者文字顯示十進位值於 USB 通訊監控畫面結果畫面

讀取使用者文字顯示十六進位值於 USB 通訊監控畫面

如果使用者想要輸入一段字，讓 ESP32S 開發板顯示這些字的 ASCII 十六進位值，本實驗仍只需要一塊 ESP32S 開發板與 USB 下載線的簡單實驗。

如下圖所示，這個實驗我們需要用到的實驗硬體有下圖(a)的.ESP32S-WROOM-32D 與下圖..(b) USB 下載線：

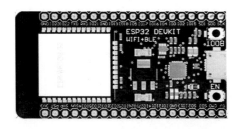

(a)..ESP32S-WROOM-32D   (b). USB 下載線

圖 14 讀取 Serial Port 所需材料表

我們遵照前幾章所述，將 ESP 32 開發板的驅動程式安裝好之後，我們打開 ESP 32 開發板的開發工具：Sketch IDE 整合開發軟體(安裝 Arduino 開發環境，請參考 『ESP32 程式設計(基礎篇):ESP32 IOT Programming (Basic Concept & Tricks)』之『Arduino 開發 IDE 安裝』(曹永忠, 2020a, 2020b, 2020f)，安裝 ESP 32 開發板 SDK 請參考 『ESP32 程式設計(基礎篇):ESP32 IOT Programming (Basic Concept & Tricks)』之『安裝 ESP32 Arduino 整合開發環境』(曹永忠, 2020a, 2020b, 2020c, 2020e))，編寫一段程式，如下表所示之讀取使用者文字顯示十六進位值於 USB 通訊監控畫面程式，讓 ESP32S 以十六進位內容方式，顯示 "Hello World" 的 ASC II 內碼值。

表 4 讀取使用者文字顯示十六進位值於 USB 通訊監控畫面

讀取使用者文字顯示十六進位值於 USB 通訊監控畫面(Read_String2Hex)

```
int incomingByte = 0;     // for incoming serial data
void setup() {
   Serial.begin(115200);//設置串列傳輸速率為 115200 bps
   pinMode(LED_BUILTIN,OUTPUT);//ESP32S-WROOM-32D 開發板的內置 LED 在
第九引腳上，所以這裡我們驅動 D9
}
void loop() {
   if (Serial.available() > 0) {
                // read the incoming byte:
                while (Serial.available() > 0)
                 {
                        incomingByte = Serial.read();
                        Serial.println(incomingByte,HEX);
                           //HEXfor ESP32S display data in Hexicimal format
                 }
            }
}
```

程式下載：https://github.com/brucetsao/ESP_37_Modules

如下圖所示，我們可以看到讀取使用者文字顯示十六進位值於 USB 通訊監控畫面結果畫面。

圖 15 讀取使用者文字顯示十六進位值於 USB 通訊監控畫面結果畫面

讀取使用者文字顯示八進位值於 USB 通訊監控畫面

如果使用者想要輸入一段字，讓 ESP32S 開發板顯示這些字的 ASC II 八進位值，本實驗仍只需要一塊 ESP32S 開發板與 USB 下載線的簡單實驗。

如下圖.所示，這個實驗我們需要用到的實驗硬體有下圖(a)的.ESP32S-WROOM-32D 與下圖.(b) USB 下載線：

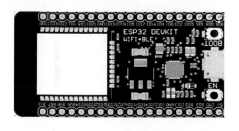

(a)..ESP32S-WROOM-32D   (b). USB 下載線

圖 16 讀取 Serial Port 所需材料表

我們遵照前幾章所述，將 ESP 32 開發板的驅動程式安裝好之後，我們打開 ESP 32 開發板的開發工具：Sketch IDE 整合開發軟體(安裝 Arduino 開發環境，請參考『ESP32 程式設計(基礎篇):ESP32 IOT Programming (Basic Concept & Tricks)』之『Arduino 開發 IDE 安裝』(曹永忠, 2020a, 2020b, 2020f)，安裝 ESP 32 開發板 SDK 請參考『ESP32 程式設計(基礎篇):ESP32 IOT Programming (Basic Concept & Tricks)』之『安裝 ESP32 Arduino 整合開發環境』(曹永忠, 2020a, 2020b, 2020c, 2020e))，編寫一段程式，編寫一段程式，如下表所示之讀取使用者文字顯示八進位值於 USB 通訊監控畫面程式，讓 ESP32S 以八進位內容方式，顯示 "Hello Word" 的 ASC II 內碼值。

表 5 讀取使用者文字顯示八進位值於 USB 通訊監控畫面

讀取使用者文字顯示八進位值於 USB 通訊監控畫面(Read_String2OCT)

int incomingByte = 0;   // for incoming serial data
void setup() {
　Serial.begin(115200);//設置串列傳輸速率為 115200 bps
　pinMode(LED_BUILTIN,OUTPUT);//ESP32S-WROOM-32D 開發板的內置 LED 在第九引腳上，所以這裡我們驅動 D9
}
void loop() {
　if (Serial.available() > 0) {
　　　　　// read the incoming byte:
　　　　　while (Serial.available() > 0)
　　　　　{
　　　　　　　incomingByte = Serial.read();

```
                    Serial.println(incomingByte,OCT);
                    //OCT for ESP32S display data in OCT format
            }
        }
}
```

程式下載：https://github.com/brucetsao/ESP_37_Modules

如下圖所示，我們可以看到讀取使用者文字顯示八進位值於 USB 通訊監控畫面結果畫面。

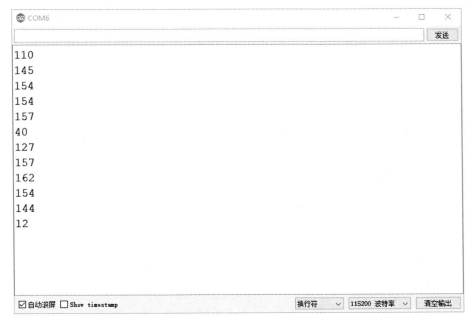

圖 17 讀取使用者文字顯示八進位值於 USB 通訊監控畫面結果畫面

章節小結

本章主要介紹如何將程式偵錯的資料，透過 ESP32S 開發板來顯示與回饋等基礎實驗。

CHAPTER

基本模組

ESP32S 開發板最強大的不只是它的簡單易學的開發工具,最強大的是它豐富的周邊模組與簡單易學的模組函式庫,幾乎 Maker 想到的東西,都有廠商或 Maker 開發它的周邊模組,透過這些周邊模組,Maker 可以輕易的將想要完成的東西用堆積木的方式快速建立,而且最強大的是這些周邊模組都有對應的函式庫,讓 Maker 不需要具有深厚的電子、電機與電路能力,就可以輕易駕馭這些模組。

所以本書要介紹市面上最完整、最受歡迎的 37 件 ESP32 模組(如下圖所示),讓讀者可以輕鬆學會這些常用模組的使用方法,進而提升各位 Maker 的實力。

讀者可以在網路賣家買到本書 37 件 ESP32 模組(如下圖所示),作者列舉一些網路上的賣家:【都会明武电子】37 款/45 款 传感器套件(https://item.taobao.com/item.htm?spm=a1z09.2.0.0.2eb82e8daI-yKdz&id=521702339399&_u=lvlvti9f717)、【方塊奇品】新版 37 件感測器(http://goods.ruten.com.tw/item/show?213010099191231)、【鈺瀚網舖】KEYES 正品 37 款感測器套件 for ESP32S(http://goods.ruten.com.tw/item/show?21405065029082)、<微控科技> 37 件套(http://goods.ruten.com.tw/item/show?21207017141590)、機械人 DIY 柑仔店 37 款 感測器套件(http://goods.ruten.com.tw/item/show?21441455616177)、《德源科技》感測器 37 件套件(http://goods.ruten.com.tw/item/show?21452105416124)、[MS]感測器感測器 37 種套件(http://goods.ruten.com.tw/item/show?21452117794766)、37 款 感測器套件 (http://goods.ruten.com.tw/item/show?21305118109832) 、 良興購物網(http://www.eclife.com.tw/)、天瓏網路書店:感測器 37 件組 (附範例程式光碟)(https://www.tenlong.com.tw/items/10240526501?item_id=586224)...等等,讀者可以在實體店面或網路賣家逐一比價後,自行購買之。

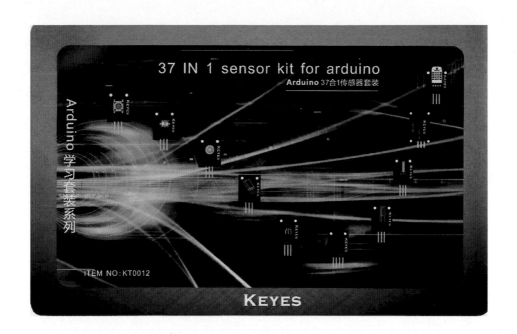

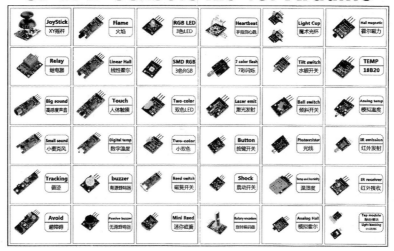

圖 18 常見之 37 件 ESP32 模組

　　由於本書直接進入 ESP32S 模組的介紹與使用，對於基本電路與用法，讀者可以參閱拙作『ESP32S 程式教學(入門篇):ESP32S Programming (Basic Skills & Tricks)』

(曹永忠, 許智誠, & 蔡英德, 2015b)、『ESP32 程式設計(基礎篇):ESP32 IOT Program-
ming (Basic Concept & Tricks)』(曹永忠, 2020a, 2020b; 曹永忠, 許智誠, & 蔡英德, 2015f)
來學習基礎 ESP32S 的寫作能力。有興趣讀者可到 Google Books
(https://play.google.com/store/books/author?id= 曹永忠) & Google Play
(https://play.google.com/store/books/author?id= 曹永忠) 或 Pubu 電子書城
(http://www.pubu.com.tw/store/ultima) 購買該書閱讀之。

控制 LED 發光二極體

本章主要是教導讀者可以如何使用發光二極體來發光,進而使用全彩的發光二
極體來產生各類的顏色,由維基百科3中得知:發光二極體(英語:Light-emitting diode,
縮寫:LED)是一種能發光的半導體電子元件,透過三價與五價元素所組成的複合
光源。此種電子元件早在 1962 年出現,早期只能夠發出低光度的紅光,被惠普買下
專利後當作指示燈利用。及後發展出其他單色光的版本,時至今日,能夠發出的光
已經遍及可見光、紅外線及紫外線,光度亦提高到相當高的程度。用途由初時的指
示燈及顯示板等;隨著白光發光二極體的出現,近年逐漸發展至被普遍用作照明用
途(維基百科, 2016)。

發光二極體只能夠往一個方向導通(通電),叫作順向偏壓,當電流流過時,
電子與電洞在其內重合而發出單色光,這叫電致發光效應,而光線的波長、顏色跟
其所採用的半導體物料種類與故意摻入的元素雜質有關。具有效率高、壽命長、不
易破損、反應速度快、可靠性高等傳統光源不及的優點。白光 LED 的發光效率近年
有所進步;每千流明成本,也因為大量的資金投入使價格下降,但成本仍遠高於其
他的傳統照明。雖然如此,近年仍然越來越多被用在照明用途上(維基百科, 2016)。

讀者可以在市面上,非常容易取得發光二極體,價格、顏色應有盡有,可於一

---

3 維基百科由非營利組織維基媒體基金會運作,維基媒體基金會是在美國佛羅里達州登記的
501(c)(3)免稅、非營利、慈善機構(https://zh.wikipedia.org/)

般電子材料行、電器行或網際網路上的網路商城、雅虎拍賣(https://tw.bid.yahoo.com/)、露天拍賣(http://www.ruten.com.tw/)、PChome 線上購物(http://shopping.pchome.com.tw/)、PCHOME 商店街(http://www.pcstore.com.tw/)...等等，購買到發光二極體。

發光二極體

如下圖所示，我們可以購買您喜歡的發光二極體，來當作第一次的實驗。

圖 19 發光二極體

如下圖所示，我們可以在維基百科中，找到發光二極體的組成元件圖(維基百科, 2016)。

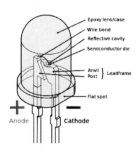

圖 20 發光二極體內部結構

資料來源:Wiki https://zh.wikipe-dia.org/wiki/%E7%99%BC%E5%85%89%E4%BA%8C%E6%A5%B5%E7%AE%A1(維基百科, 2016)

控制發光二極體發光

如下圖所示，這個實驗我們需要用到的實驗硬體有下圖.(a)的 ESP 32 開發板、

下圖.(b) MicroUSB 下載線、下圖.(c)發光二極體、下圖.(d) 220 歐姆電阻：

(a). NodeMCU 32S開發板

(b). MicroUSB 下載線

(c). 發光二極體

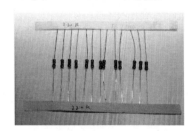

(d).220歐姆電阻

圖 21 控制發光二極體發光所需材料表

讀者可以參考下圖所示之控制發光二極體發光連接電路圖，進行電路組立。

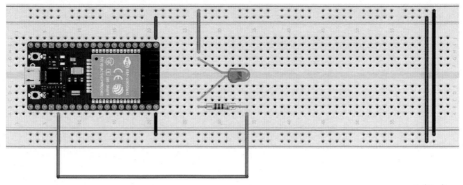

圖 22 控制發光二極體發光連接電路圖

讀者也可以參考下表之控制發光二極體發光接腳表，進行電路組立。

表 6 控制發光二極體發光接腳表

接腳	接腳說明	開發板接腳
1	麵包板 Vcc(紅線)	接電源正極(5V)
2	麵包板 GND(藍線)	接電源負極
3	220 歐姆電阻 A 端	開發板 GPIO2
4	220 歐姆電阻 B 端	LED 發光二極體(正極端)
5	LED 發光二極體(正極端)	220 歐姆電阻 B 端
6	LED 發光二極體(負極端)	麵包板 GND(藍線)

我們遵照前幾章所述，將 ESP 32 開發板的驅動程式安裝好之後，我們打開 ESP

32 開發板的開發工具：Sketch IDE 整合開發軟體(安裝 Arduino 開發環境，請參考『ESP32 程式設計(基礎篇):ESP32 IOT Programming (Basic Concept & Tricks)』之『Arduino 開發 IDE 安裝』(曹永忠, 2020a, 2020b, 2020f)，安裝 ESP 32 開發板 SDK 請參考『ESP32 程式設計(基礎篇):ESP32 IOT Programming (Basic Concept & Tricks)』之『安裝 ESP32 Arduino 整合開發環境』(曹永忠, 2020a, 2020b, 2020c, 2020e))，編寫一段程式，，如下表所示之控制發光二極體測試程式，控制發光二極體明滅測試(曹永忠, 2016; 曹永忠, 吳佳駿, 許智誠, & 蔡英德, 2016a, 2016b, 2016c, 2016d, 2017a, 2017b, 2017c; 曹永忠, 許智誠, & 蔡英德, 2015a, 2015c, 2015d, 2015e, 2016a, 2016b; 曹永忠, 郭晉魁, 吳佳駿, 許智誠, & 蔡英德, 2016, 2017)。

表 7 控制發光二極體測試程式

控制發光二極體測試程式(Blink)

```
// the setup function runs once when you press reset or power the board
void setup() {
  // initialize digital pin LED_BUILTIN as an output.
  pinMode(2, OUTPUT);
}


// the loop function runs over and over again forever
void loop() {
  digitalWrite(2, HIGH);      // turn the LED on (HIGH is the voltage level)
  delay(3000);                         // wait for a second
  digitalWrite(2, LOW);       // turn the LED off by making the voltage LOW
  delay(3000);                         // wait for a second
}
```

程式下載：https://github.com/brucetsao/ESP_37_Modules

如下圖所示，我們可以看到控制發光二極體測試程式結果畫面。

圖 23 控制發光二極體測試程式結果畫面

雙色 LED 模組

使用 Led 發光二極體是最普通不過的事，我們本節介紹雙色 LED 模組(如下圖所示)，它主要是使用雙色 Led 發光二極體，雙色 Led 發光二極體有兩種，一種是共陽極、另一種是共陰極。

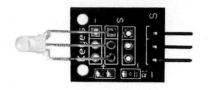

圖 24 雙色 LED 模組

本實驗是共陽極的用雙色 Led 發光二極體，如下圖所示，先參考雙色 Led 發光二極體的腳位接法，在遵照下表所示之雙色 LED 模組接腳表進行電路組裝。

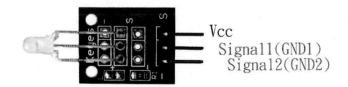

圖 25 雙色 LED 模組腳位圖

表 8 雙色 LED 模組接腳表

接腳	接腳說明	ESP32S 開發板接腳
1	Vcc 共陽極	電源 (+5V) ESP32S +5V
2	Signal1 第一種顏色陰極	ESP32S digital output pin 5
3	Signal2 第二種顏色陰極	ESP32S digital output pin 17

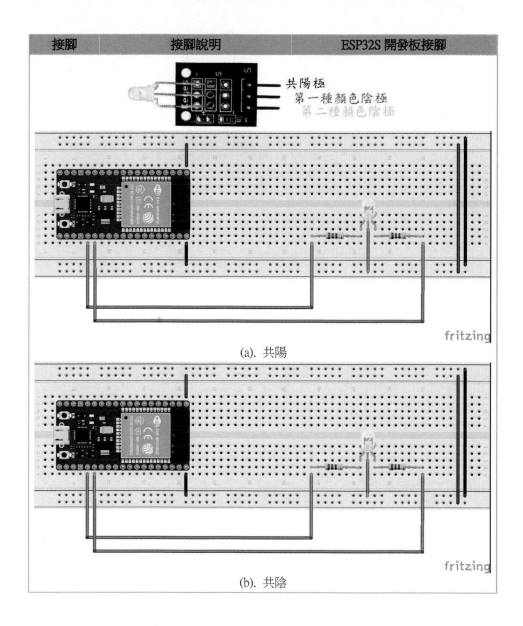

接腳	接腳說明	ESP32S 開發板接腳

共陽極
第一種顏色陰極
第二種顏色陰極

(a). 共陽

(b). 共陰

我們遵照前幾章所述，將 ESP 32 開發板的驅動程式安裝好之後，我們打開 ESP 32 開發板的開發工具：Sketch IDE 整合開發軟體(安裝 Arduino 開發環境，請參考『ESP32 程式設計(基礎篇):ESP32 IOT Programming (Basic Concept & Tricks)』之『Arduino 開發 IDE 安裝』(曹永忠, 2020a, 2020b, 2020f)，安裝 ESP 32 開發板 SDK 請參考『ESP32 程式設計(基礎篇):ESP32 IOT Programming (Basic Concept & Tricks)』之『安

裝 ESP32 Arduino 整合開發環境』(曹永忠, 2020a, 2020b, 2020c, 2020e))，編寫一段程式，如下表所示之雙色 LED 模組測試程式，我們就可以讓雙色 LED 各自變換顏色，甚至可以達到混色的效果。

表 9 雙色 LED 模組測試程式

雙色 LED 模組測試程式(Dual_Led)

```
#define LEDC_CHANNEL_0        0
#define LEDC1_CHANNEL_0       1
#define LEDC_TIMER_13_BIT    13
#define LEDC_BASE_FREQ        5000
#define LED_PIN               5
#define LED1_PIN              17

void ledcAnalogWrite(uint8_t channel, uint32_t value, uint32_t valueMax = 255) {
    uint32_t duty = (8191 / valueMax) * min(value, valueMax);
   ledcWrite(channel, duty);
}

void setup() {
  ledcSetup(LEDC_CHANNEL_0, LEDC_BASE_FREQ, LEDC_TIMER_13_BIT);
  ledcAttachPin(LED_PIN, LEDC_CHANNEL_0);
  ledcSetup(LEDC1_CHANNEL_0, LEDC_BASE_FREQ, LEDC_TIMER_13_BIT);
  ledcAttachPin(LED1_PIN, LEDC1_CHANNEL_0);
}

void loop() {
  int brightness = 0;
  for(brightness=0; brightness<255; brightness++)
  {
  ledcAnalogWrite(LEDC1_CHANNEL_0, brightness);
   delay(20);
  }
  if ( brightness >= 255) {
    int brightness=255;
    for(brightness=255; brightness>0; brightness--)
    {
```

```
            ledcAnalogWrite(LEDC_CHANNEL_0, brightness);
            delay(20);
      }
  Serial.println(brightness, DEC);
}
}
```

資料來源：https://randomnerdtutorials.com/esp32-pwm-arduino-ide/

程式下載：https://github.com/brucetsao/ESP_37_Modules

讀者可以看到本次實驗-雙色 LED 模組測試程式結果畫面。

當然、如下圖所示，我們可以看到雙色 LED 模組測試程式結果畫面。

圖 26 雙色 LED 模組測試程式結果畫面

全彩 LED 模組

使用 Led 發光二極體是最普通不過的事，我們本節介紹全彩 RGB LED 模組(如下圖所示)，它主要是使用全彩 RGB LED 發光二極體，RGB Led 發光二極體有兩種，一種是共陽極、另一種是共陰極。

(a). 共陽 RGB 全彩 LED 模組　　　　(b). 共陰 RGB 全彩 LED 模組

圖 27 全彩 RGB LED 模組

本實驗是共陰極的 RGB Led 發光二極體，先參考全彩 RGB LED 模組的腳位接法，在遵照下表所示之全彩 LED 模組腳位圖接腳表進行電路組裝。

表 10 全彩 RGB LED 模組接腳表

接腳	接腳說明	ESP32S 開發板接腳
1	共陰極	共地 ESP32S GND
2	第一種顏色陽極(Red)	ESP32S ADC A4
3	第二種顏色陽極(Green)	ESP32S ADC output A5
4	第三種顏色陽極(Blue)	ESP32S ADC output A18

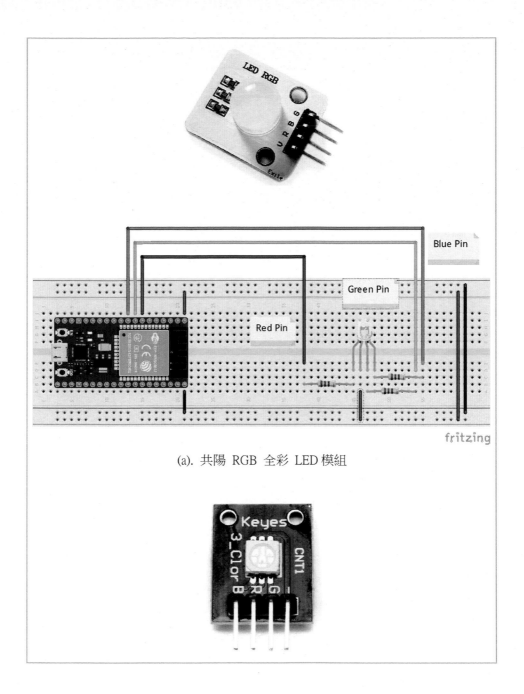

(a). 共陽 RGB 全彩 LED 模組

接腳	接腳說明	ESP32S 開發板接腳

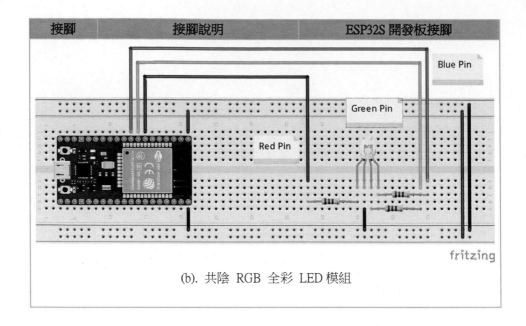

(b). 共陰 RGB 全彩 LED 模組

　　我們遵照前幾章所述，將 ESP 32 開發板的驅動程式安裝好之後，我們打開 ESP 32 開發板的開發工具：Sketch IDE 整合開發軟體(安裝 Arduino 開發環境，請參考『ESP32 程式設計(基礎篇):ESP32 IOT Programming (Basic Concept & Tricks)』之『Arduino 開發 IDE 安裝』(曹永忠, 2020a, 2020b, 2020f)，安裝 ESP 32 開發板 SDK 請參考『ESP32 程式設計(基礎篇):ESP32 IOT Programming (Basic Concept & Tricks)』之『安裝 ESP32 Arduino 整合開發環境』(曹永忠, 2020a, 2020b, 2020c, 2020e))，編寫一段程式，如下表所示之全彩 RGB LED 模組測試程式測試程式，我們就可以讓 RGB LED 各自變換顏色，甚至用混色的效果達到全彩的效果。

表 11 全彩 RGB LED 模組測試程式

全彩 LED 模組測試程式(RGB_Led)

```
uint8_t ledR = A4;
uint8_t ledG = A5;
uint8_t ledB = A18;

uint8_t ledArray[3] = {1, 2, 3};
const boolean invert = true;
uint8_t color = 0;
uint32_t R, G, B;
uint8_t brightness = 255;
// the setup routine runs once when you press reset:
void setup()
{
  Serial.begin(115200);
  delay(10);

  ledcAttachPin(ledR, 1);
  ledcAttachPin(ledG, 2);
  ledcAttachPin(ledB, 3);
  ledcSetup(1, 12000, 8);
  ledcSetup(2, 12000, 8);
  ledcSetup(3, 12000, 8);
}
void loop()
{
  Serial.println("Send all LEDs a 255 and wait 2 seconds.");

  ledcWrite(1, 255);
  ledcWrite(2, 255);
  ledcWrite(3, 255);
  delay(2000);
  Serial.println("Send all LEDs a 0 and wait 2 seconds.");
  ledcWrite(1, 0);
  ledcWrite(2, 0);
  ledcWrite(3, 0);
  delay(2000);

  Serial.println("Starting color fade loop.");
```

```
for (color = 0; color < 255; color++) {
  hueToRGB(color, brightness);
  ledcWrite(1, R);
  ledcWrite(2, G);
  ledcWrite(3, B);

  delay(100);
 }


}


void hueToRGB(uint8_t hue, uint8_t brightness)
{
    uint16_t scaledHue = (hue * 6);
    uint8_t segment = scaledHue / 256;

    uint16_t segmentOffset =
       scaledHue - (segment * 256);
    uint8_t complement = 0;
    uint16_t prev = (brightness * ( 255 -   segmentOffset)) / 256;
    uint16_t next = (brightness *   segmentOffset) / 256;

    if(invert)
    {
       brightness = 255 - brightness;
       complement = 255;
       prev = 255 - prev;
       next = 255 - next;
    }

    switch(segment ) {
    case 0:        // red
         R = brightness;
         G = next;
         B = complement;
    break;
    case 1:        // yellow
```

```
            R = prev;
            G = brightness;
            B = complement;
       break;
       case 2:        // green
            R = complement;
            G = brightness;
            B = next;
       break;
       case 3:        // cyan
            R = complement;
            G = prev;
            B = brightness;
       break;
       case 4:        // blue
            R = next;
            G = complement;
            B = brightness;
       break;
       case 5:        // magenta
       default:
            R = brightness;
            G = complement;
            B = prev;
       break;
       }
}
```

資料來源：https://randomnerdtutorials.com/esp32-pwm-arduino-ide/

程式下載：https://github.com/brucetsao/ESP_37_Modules

　　讀者可以看到本次實驗-全彩 RGB LED 模組測試程式結果畫面、如下圖所示，我們可以看到全彩 RGB LED 模組測試程式結果畫面。

圖 28 全彩 RGB LED 模組測試程式結果畫面

七彩自動閃爍 LED 模組

使用 Led 發光二極體是最普通不過的事，下圖所示，我們本節介七彩自動閃爍 LED 模組，它主要是使用 RGB Led 發光二極體，所不同的是，它無法控制該彩色發光二極體的顏色，但是只要給它簡單的 5V 電源，它就會自動七彩顏色自動變化與閃爍。

圖 29 七彩自動閃爍 LED 模組

本實驗是七彩自動閃爍 LED，如上圖、下圖所示，先參考七彩自動閃爍 LED 模組的腳位接法，在遵照下表之七彩自動閃爍 LED 模組接腳表進行電路組裝。

圖 30 七彩自動閃爍 LED 接腳圖

表 12 七彩自動閃爍 LED 模組接腳表

接腳	接腳說明	ESP32S 開發板接腳
1	GND	共地 ESP32S GND
2	Vcc	ESP32S GPIO 4

我們遵照前幾章所述，將 ESP 32 開發板的驅動程式安裝好之後，我們打開 ESP

32 開發板的開發工具：Sketch IDE 整合開發軟體(安裝 Arduino 開發環境，請參考

『ESP32 程式設計(基礎篇):ESP32 IOT Programming (Basic Concept & Tricks)』之『Ar-

duino 開發 IDE 安裝』(曹永忠, 2020a, 2020b, 2020f)，安裝 ESP 32 開發板 SDK 請參考

『ESP32 程式設計(基礎篇):ESP32 IOT Programming (Basic Concept & Tricks)』之『安裝 ESP32 Arduino 整合開發環境』(曹永忠, 2020a, 2020b, 2020c, 2020e))，編寫一段程式，如下表所示之七彩自動閃爍 LED 模組測試程式，我們就可以讓之七彩自動閃爍 LED 各自變換顏色，甚至可以達到全彩顏色的效果。

表 13 七彩自動閃爍 LED 模組測試程式

七彩自動閃爍 LED 模組測試程式(Color_Blink)

```
#define LedPin 4
void setup() {
  // initialize the digital pin as an output.
  // Pin    10 has an LED connected on most ESP32 boards:
  pinMode(LedPin, OUTPUT);
}


void loop() {
  digitalWrite(LedPin, HIGH);      // set the LED on
  delay(5000);                     // wait for a second
  digitalWrite(LedPin, LOW);       // set the LED off
  delay(1000);                     // wait for a second
}
```

程式下載：https://github.com/brucetsao/ESP_37_Modules

讀者可以看到本次實驗-七彩自動閃爍 LED 模組測試程式結果畫面。如下圖所示，我們可以看到七彩自動閃爍 LED 模組測試程式結果畫面。

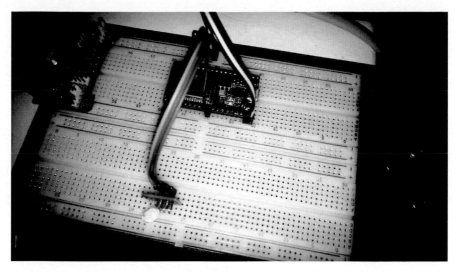

圖 31 七彩自動閃爍 LED 模組測試程式結果畫面

雷射模組

有時後我們需要作一些指引的工作，所們常會使用雷射指引器來當作工具，下圖所示，我們本節介紹雷射模組，它主要是使用紅光雷發光二極體，透過光學鏡片的聚焦產生雷射光直射的效果。

圖 32 紅光雷射模組

本實驗是紅光雷射發光二極體，下圖所示，先紅光雷射模組的腳位接法，在遵照下表所示之紅光雷射模組接腳表進行電路組裝。

圖 33 紅光雷射模組腳位圖

表 14 紅光雷射模組接腳表

接腳	接腳說明	ESP32S 開發板接腳
1	GND	共地 ESP32S GND
2	Vcc	ESP32S GPIO 4

我們遵照前幾章所述，將 ESP 32 開發板的驅動程式安裝好之後，我們打開 ESP

32 開發板的開發工具：Sketch IDE 整合開發軟體(安裝 Arduino 開發環境，請參考

『ESP32 程式設計(基礎篇):ESP32 IOT Programming (Basic Concept & Tricks)』之『Arduino 開發 IDE 安裝』(曹永忠, 2020a, 2020b, 2020f)，安裝 ESP 32 開發板 SDK 請參考『ESP32 程式設計(基礎篇):ESP32 IOT Programming (Basic Concept & Tricks)』之『安裝 ESP32 Arduino 整合開發環境』(曹永忠, 2020a, 2020b, 2020c, 2020e))，編寫一段程式，如表 15 所示之紅光雷射模組測試程式，我們就可以讓紅光雷射模組發出紅光指引的效果。

表 15 紅光雷射模組測試程式

紅光雷射模組測試程式(Laser_Shot)

```
#define LaserPin 4

// the setup function runs once when you press reset or power the board
void setup() {
  // initialize digital pin LED_BUILTIN as an output.
  pinMode(LaserPin, OUTPUT);
}

// the loop function runs over and over again forever
void loop() {
  digitalWrite(LaserPin, HIGH);     // turn the LED on (HIGH is the voltage level)
  delay(3000);                      // wait for a second
  digitalWrite(LaserPin, LOW);      // turn the LED off by making the voltage LOW
  delay(3000);                      // wait for a second
}
```

程式下載：https://github.com/brucetsao/ESP_37_Modules

讀者可以看到本次實驗-紅光雷射模組測試程式結果畫面。如下圖所示，我們可以看到紅光雷射模組測試程式結果畫面。

圖 34 紅光雷射模組測試程式結果畫面

光敏電阻模組

光敏電阻是一種特殊的電阻,簡稱光電阻,又名光導管。它的電阻和光線的強弱有直接關係。光強度增加,則電阻減小;光強度減小,則電阻增大

當有光線照射時,電阻內原本處於穩定狀態的電子受到激發,成為自由電子。所以光線越強,產生的自由電子也就越多,電阻就會越小。

- 暗電阻:當電阻在完全沒有光線照射的狀態下(室溫),稱這時的電阻值為暗電阻(當電阻值穩定不變時,例如 1kM 歐姆),與暗電阻相對應的電流為暗電流。

- 亮電阻:當電阻在充足光線照射的狀態下(室溫),稱這時的電阻值為亮電阻(當電阻值穩定不變時,例如 1 歐姆),與亮電阻相對應的電流為亮電流。

- 光電流 = 亮電流 - 暗電流

下圖所示,光敏電阻可以讓我們量測燈光強度,使用利用光量的多寡,產生相對電阻阻抗高低,可以用來當開關使用。例如:太陽能庭院燈、迷你小夜燈、光控開

關、路燈自動開關...等等都是最佳應用。

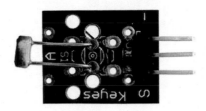

圖 35 光敏電阻模組

本實驗是使用光敏電阻模組，由於光敏電阻需要搭配基本量測電路，所以我們使用光敏電阻模組來當實驗主體，並不另外組立基本量測電路，如下圖所示，先參考光敏電阻的腳位接法，在遵照下表所示之光敏電阻模組接腳表進行電路組裝。

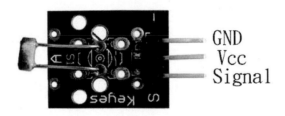

圖 36 光敏電阻模組腳位圖

表 16 光敏電阻模組接腳表

接腳	接腳說明	ESP32S 開發板接腳
1	Vcc	電源 (+5V) ESP32S +5V
2	GND	ESP32S GND
3	Signal	ESP32S GPIO 4(ADC 10)

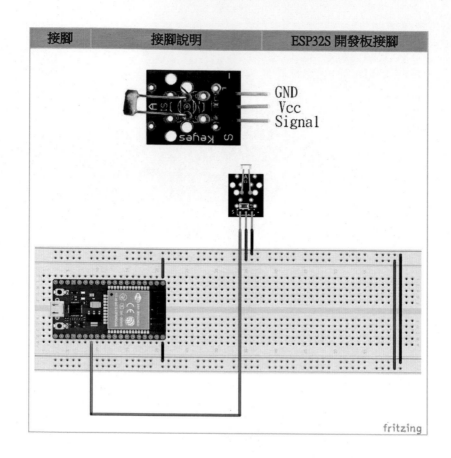

接腳	接腳說明	ESP32S 開發板接腳

我們遵照前幾章所述，將 ESP 32 開發板的驅動程式安裝好之後，我們打開 ESP 32 開發板的開發工具：Sketch IDE 整合開發軟體(安裝 Arduino 開發環境，請參考 『ESP32 程式設計(基礎篇):ESP32 IOT Programming (Basic Concept & Tricks)』之『Arduino 開發 IDE 安裝』(曹永忠, 2020a, 2020b, 2020f)，安裝 ESP 32 開發板 SDK 請參考 『ESP32 程式設計(基礎篇):ESP32 IOT Programming (Basic Concept & Tricks)』之『安裝 ESP32 Arduino 整合開發環境』(曹永忠, 2020a, 2020b, 2020c, 2020e))，編寫一段程式，如下表所示之光敏電阻模組測試程式，我們就可以透過光敏電阻模組來量測週邊光線的強度。

表 17 光敏電阻模組測試程式

光敏電阻模組測試程式(Photoresistor)

```
int sensorPin = A10;      // select the input pin for the potentiometer
int sensorValue = 0;    // variable to store the value coming from the sensor

void setup() {
    Serial.begin(9600);
}

void loop() {

    sensorValue = analogRead(sensorPin);
  Serial.println(sensorValue, DEC);
}
```

程式下載：https://github.com/brucetsao/ESP_37_Modules

如下圖所示，我們可以看到光敏電阻模組測試程式結果畫面。

圖 37 光敏電阻模組測試程式結果畫面

水銀開關模組

水銀開關就是在密封的玻璃管內部裝有一滴液態水銀，玻璃管一端延伸出兩支相臨的接腳，本身並無接觸，呈現不導通狀態,當玻璃管向下傾斜，流體的水銀會覆蓋於兩支接腳之上，藉著水銀形成導通狀態(如下圖所示)。

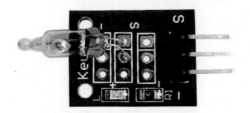

圖 38 水銀開關模組

本實驗是使用水銀開關模組，由於水銀開關需要搭配基本量測電路，所以我們使用水銀開關模組來當實驗主體，並不另外組立基本量測電路，如圖 39 所示，先參考水銀開關的腳位接法，在遵照表 18 之水銀開關模組接腳表進行電路組裝。

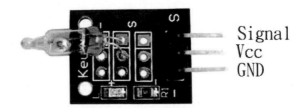

圖 39 水銀開關模組腳位圖

表 18 水銀開關模組接腳表

接腳	接腳說明	ESP32S 開發板接腳
1	Vcc	電源 (+5V) ESP32S +5V
2	GND	ESP32S GND
3	Signal	ESP32S GPIO 4
S	Led +	ESP32S GPIO 2
2	Led -	ESP32S GND

接腳	接腳說明	ESP32S 開發板接腳

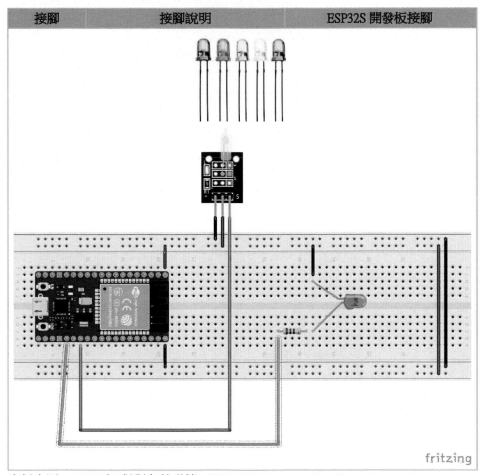

資料來源：ESP32程式設計(基礎篇):ESP32 IOT Programming (Basic Concept & Tricks)(曹永忠, 2020a, 2020b; 曹永忠 et al., 2015f)

　　我們遵照前幾章所述，將 ESP 32 開發板的驅動程式安裝好之後，我們打開 ESP 32 開發板的開發工具：Sketch IDE 整合開發軟體(安裝 Arduino 開發環境，請參考『ESP32 程式設計(基礎篇):ESP32 IOT Programming (Basic Concept & Tricks)』之『Arduino 開發 IDE 安裝』(曹永忠, 2020a, 2020b, 2020f)，安裝 ESP 32 開發板 SDK 請參考『ESP32 程式設計(基礎篇):ESP32 IOT Programming (Basic Concept & Tricks)』之『安裝 ESP32 Arduino 整合開發環境』(曹永忠, 2020a, 2020b, 2020c, 2020e))，編寫一段程式，如下表所示之水銀開關模組測試程式，我們就可以透過水銀開關模組來量測是否有受到移動或撞擊。

表 19 水銀開關模組測試程式

水銀開關模組測試程式(Mercury_sensor)

```
#define MercurySensor 4 //定义水银倾斜开关传感器接口
#define LedPin 2 //定义 LED 接口

int val;//定义数字变量 val
void setup()
{
    pinMode(LedPin, OUTPUT); //定义 LED 为输出接口
    pinMode(MercurySensor, INPUT); //定义水银倾斜开关传感器为输出接口

    Serial.begin(115200);
}
void loop()
{
    val = digitalRead(MercurySensor); //将数字接口 15 的值读取赋给 val
    if (val == HIGH) //当水银倾斜开关传感器检测有信号时，LED 闪烁
    {
        digitalWrite(LedPin, HIGH);
    }
    else
    {
        digitalWrite(LedPin, LOW);
    }
    Serial.print("val:");
    Serial.println(val, HEX);
}
```

程式下載：https://github.com/brucetsao/ESP_37_Modules

讀者可以看到本次實驗-水銀開關模組測試程式結果畫面。如下圖所示，我們可以看到水銀開關模組測試程式結果畫面。

圖 40 水銀開關模組測試程式結果畫面

傾斜開關模組

傾斜開關是用於檢測的上方和下方的水平軸線的設備的運動。傾斜開關開關觸點通過水平面，打開或關閉來操作設備，當選擇一個傾斜開關，它確保了機構在透過操作之中，產生一個傾斜角時，會觸動開關。如下圖所示，常見使用傾斜開關如：浮球開關、水處理設備...等等。

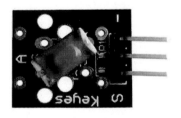

圖 41 傾斜開關模組

本實驗是使用傾斜開關模組，由於傾斜開關需要搭配基本量測電路，所以我們使用傾斜開關模組來當實驗主體，並不另外組立基本量測電路，如圖 42 所示，先參考傾斜開關的腳位接法，在遵照表 20 之傾斜開關接腳表進行電路組裝。

圖 42 傾斜開關模組腳位圖

表 20 傾斜開關模組接腳表

接腳	接腳說明	ESP32S 開發板接腳
1	Vcc	電源 (+5V) ESP32S +5V
2	GND	ESP32S GND
3	Signal	ESP32S GPIO 4
S	Led +	ESP32S GPIO 2
2	Led -	ESP32S GND

接腳	接腳說明	ESP32S 開發板接腳

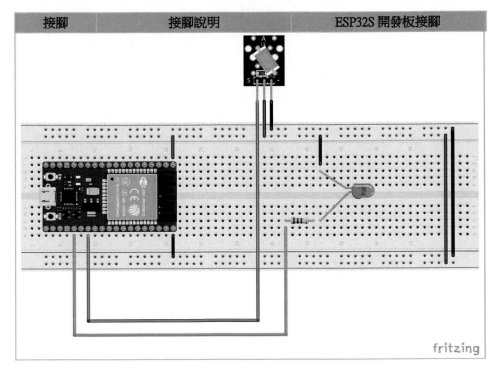

資料來源：ESP32 程式設計(基礎篇):ESP32 IOT Programming (Basic Concept & Tricks)(曹永忠, 2020a, 2020b; 曹永忠 et al., 2015f)

我們遵照前幾章所述，將 ESP 32 開發板的驅動程式安裝好之後，我們打開 ESP 32 開發板的開發工具：Sketch IDE 整合開發軟體(安裝 Arduino 開發環境，請參考『ESP32 程式設計(基礎篇):ESP32 IOT Programming (Basic Concept & Tricks)』之『Arduino 開發 IDE 安裝』(曹永忠, 2020a, 2020b, 2020f)，安裝 ESP 32 開發板 SDK 請參考『ESP32 程式設計(基礎篇):ESP32 IOT Programming (Basic Concept & Tricks)』之『安裝 ESP32 Arduino 整合開發環境』(曹永忠, 2020a, 2020b, 2020c, 2020e))，編寫一段程式，如下表所示之傾斜開關模組測試程式，我們就可以透過傾斜開關模組來量測是否有受到移動產生一個傾斜的位移。

表 21 傾斜開關模組測試程式

傾斜開關模組測試程式(Tilt_sensor)
#define TiltSensor 4 //定义水银倾斜开关传感器接口

```
#define LedPin 2 //定义 LED 接口 int val;//定义数字变量 val
void setup()
{
  pinMode(LedPin, OUTPUT); //定义 LED 为输出接口
  pinMode(TiltSensor, INPUT); //定义倾斜开关传感器为输出接口

  Serial.begin(115200);
}
void loop()
{
  val = digitalRead(TiltSensor); //将数字接口 15 的值读取赋给 val
  if (val == HIGH) //当倾斜开关传感器检测有信号时，LED 闪烁
  {
    digitalWrite(LedPin, HIGH);
  }
  else
  {
    digitalWrite(LedPin, LOW);
  }
  Serial.print("val:");
  Serial.println(val, HEX);
}
```

程式下載：https://github.com/brucetsao/ESP_37_Modules

　　讀者可以看到本次實驗-傾斜開關模組測試程式結果畫面。下圖所示，我們可以看到傾斜開關模組測試程式結果畫面。

圖 43 傾斜開關模組測試程式結果畫面

振動開關模組

振動開關模組是用於檢測的所裝置的機構是否有受到振動。它確保了機構在操作之中，產生一個振動時，會觸動振動開關模組。

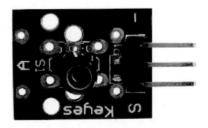

圖 44 傾斜開關模組

本實驗是使用振動開關模組，由於振動開關需要搭配基本量測電路，所以我們使用振動開關模組來當實驗主體，並不另外組立基本量測電路，下圖所示，先參考振動開關模組的腳位接法，下表所示之振動開關模組接腳表進行電路組裝。

圖 45 振動開關模組腳位圖

表 22 振動開關模組接腳表

接腳	接腳說明	ESP32S 開發板接腳
1	Vcc	電源 (+5V) ESP32S +5V
2	GND	ESP32S GND
3	Signal	ESP32S GPIO 4
1	Led +	ESP32S GPIO 2
2	Led -	ESP32S GND

接腳	接腳說明	ESP32S 開發板接腳

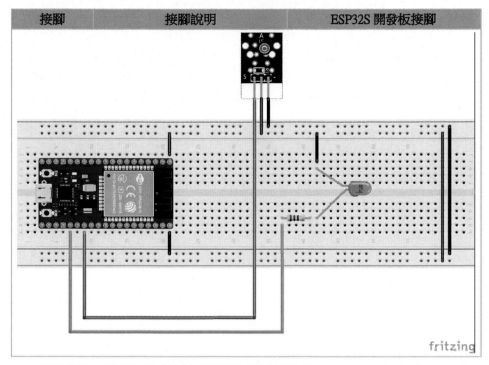

資料來源：ESP32 程式設計(基礎篇):ESP32 IOT Programming (Basic Concept & Tricks)(曹永忠, 2020a, 2020b; 曹永忠 et al., 2015f)

我們遵照前幾章所述，將 ESP 32 開發板的驅動程式安裝好之後，我們打開 ESP 32 開發板的開發工具：Sketch IDE 整合開發軟體(安裝 Arduino 開發環境，請參考『ESP32 程式設計(基礎篇):ESP32 IOT Programming (Basic Concept & Tricks)』之『Arduino 開發 IDE 安裝』(曹永忠, 2020a, 2020b, 2020f)，安裝 ESP 32 開發板 SDK 請參考『ESP32 程式設計(基礎篇):ESP32 IOT Programming (Basic Concept & Tricks)』之『安裝 ESP32 Arduino 整合開發環境』(曹永忠, 2020a, 2020b, 2020c, 2020e))，編寫一段程式，下表所示之振動開關模組測試程式，我們就可以透過振動開關模組來量測是否有受到振動。

表 23 振動開關模組測試程式

振動開關模組測試程式(Vibration_sensor)
#define VibrationSensor 4 //定义水银倾斜开关传感器接口

```
#define LedPin 2 //定义 LED 接口 int val;//定义数字变量 val
void setup()
{
    pinMode(LedPin, OUTPUT); //定义 LED 为输出接口
    pinMode(VibrationSensor, INPUT); //定义倾斜开关传感器为输出接口

    Serial.begin(115200);
}
void loop()
{
    val = digitalRead(VibrationSensor); //将数字接口 15 的值读取赋给 val
    if (val == HIGH) //当倾斜开关传感器检测有信号时，LED 闪烁
    {
        digitalWrite(LedPin, HIGH);
    }
    else
    {
        digitalWrite(LedPin, LOW);
    }
    Serial.print("val:");
    Serial.println(val, HEX);
}
```

程式下載：https://github.com/brucetsao/ESP_37_Modules

讀者可以看到本次實驗-振動開關模組測試程式結果畫面。下圖所示，我們可以看到振動開關模組測試程式結果畫面。

圖 46 振動開關模組測試程式結果畫面

磁簧開關模組

磁簧開關(Reed Switch)也稱之為彈簧管，它是一個通過所施加的磁場操作的電開關。1936 年，貝爾電話實驗室的沃爾特.埃爾伍德（Walter B. Ellwood）發明瞭磁簧開關，並於 1940 年 6 月 27 日在美國申請專利，基本型式是將兩片磁簧片密封在玻璃管內，兩片雖重疊，但中間間隔有一小空隙。當外來磁場時將使兩片磁簧片接觸，進而導通。 一旦磁體被拉到遠離開關，磁簧開關將返回到其原來的位置

磁簧開關的工作原理 非常簡單，兩片端點處重疊的可磁化的簧片(通常由鐵和鎳這兩種金屬所組成的)密封于一玻璃管中，兩簧片呈交迭狀且間隔有一小段空隙(僅約幾個微米)，這兩片簧片上的觸點上鍍有層很硬的金屬，通常都是銠和釕，這層硬金屬大大提升了切換次數及產品壽命。玻璃管中裝填有高純度的惰性氣體(如氦氣)，部份幹簧開關為了提升其高壓性能，更會把內部做成真空狀態。

簧片的作用相當與一個磁通導體。在尚未操作時，兩片簧片並未接觸；在通過永久磁鐵或電磁線圈產生的磁場時，外加的磁場使兩片簧片端點位置附近產生不同的極性，當磁力超過簧片本身的彈力時，這兩片簧片會吸合導通電路；當磁場減弱

或消失後,幹簧片由於本身的彈性而釋放,觸面就會分開從而打開電路。

圖 47 磁簧開關模組

　　本實驗是使用磁簧開關模組,由於磁簧開關需要搭配基本量測電路,所以我們使用磁簧開關模組來當實驗主體,並不另外組立基本量測電路,下圖所示,先參考磁簧開關的腳位接法,下表所示之磁簧開關模組接腳表進行電路組裝。

圖 48 磁簧開關模組腳位圖

表 24 磁簧開關模組接腳表

接腳	接腳說明	ESP32S 開發板接腳
1	Vcc	電源 (+5V) ESP32S +5V
2	GND	ESP32S GND
3	Signal	ESP32S GPIO 4
S	Led +	ESP32S GPIO 2

接腳	接腳說明	ESP32S 開發板接腳
2	Led -	ESP32S GND

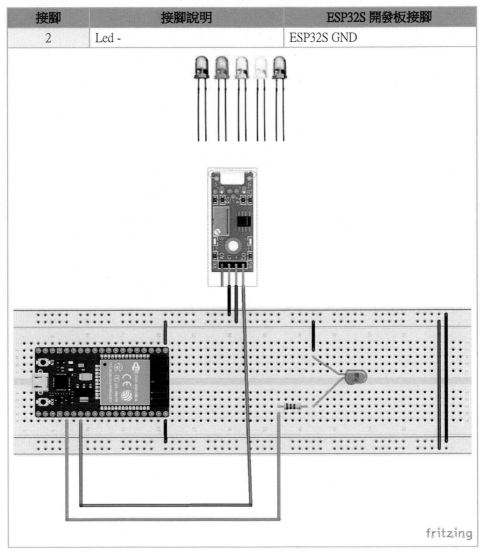

資料來源：ESP32 程式設計(基礎篇):ESP32 IOT Programming (Basic Concept & Tricks)(曹永忠, 2020a, 2020b; 曹永忠 et al., 2015f)

我們遵照前幾章所述，將 ESP 32 開發板的驅動程式安裝好之後，我們打開 ESP 32 開發板的開發工具：Sketch IDE 整合開發軟體(安裝 Arduino 開發環境，請參考『ESP32 程式設計(基礎篇):ESP32 IOT Programming (Basic Concept & Tricks)』之『Arduino 開發 IDE 安裝』(曹永忠, 2020a, 2020b, 2020f)，安裝 ESP 32 開發板 SDK 請參考

『ESP32 程式設計(基礎篇):ESP32 IOT Programming (Basic Concept & Tricks)』之『安裝 ESP32 Arduino 整合開發環境』(曹永忠, 2020a, 2020b, 2020c, 2020e))，編寫一段程式，下表所示之磁簧開關模組測試程式，我們就可以透過磁簧開關模組來量測是否有受到磁力感應。

表 25 磁簧開關模組測試程式

磁簧開關模組測試程式(Reed_sensor)

```
#define ReedSensor 4 //定义水银倾斜开关传感器接口
#define LedPin 2  接口 //定义 LED  接口 int val;//定义数字变量 val
void setup()
{
    pinMode(LedPin, OUTPUT); //定义 LED  为输出接口
    pinMode(ReedSensor, INPUT); //定义倾斜开关传感器为输出接口

    Serial.begin(115200);
}
void loop()
{
    val = digitalRead(ReedSensor); //将数字接口 15 的值读取赋给 val
    if (val == HIGH) //当倾斜开关传感器检测有信号时，LED  闪烁
    {
        digitalWrite(LedPin, HIGH);
    }
    else
    {
        digitalWrite(LedPin, LOW);
    }
    Serial.print("val:");
    Serial.println(val, HEX);
}
```

程式下載：https://github.com/brucetsao/ESP_37_Modules

讀者可以看到本次實驗-磁簧開關模組測試程式結果畫面。下圖所示，我們可以

看到磁簧開關模組測試程式結果畫面。

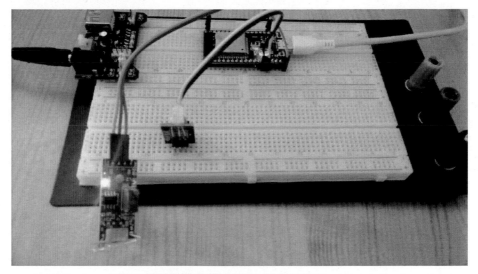

圖 49 磁簧開關模組測試程式結果畫面

按鈕開關模組

使用按壓開關模組是最普通不過的事，我們本節介紹按壓開關模組，下圖所示，它主要是使用 Mini Switch 作成按壓開關模組。

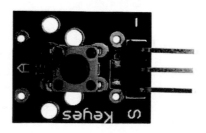

圖 50 按壓開關模組

本實驗是採用按壓開關模組，下圖所示，由於按壓開關關需要搭配基本量測電路，所以我們使用按壓開關模組來當實驗主體，並不另外組立基本量測電路。

下圖所示，先參考按壓開關的腳位接法，下表所示之按壓開關模組接腳表進行電路組裝。

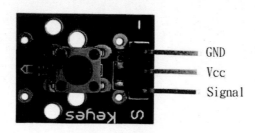

圖 51 按壓開關模組腳位圖

表 26 按壓開關模組接腳表

接腳	接腳說明	ESP32S 開發板接腳
1	Vcc	電源 (+5V) ESP32S +5V
2	GND	ESP32S GND
3	Signal	ESP32S GPIO 4
1	Led +	ESP32S GPIO 2
2	Led -	ESP32S GND

接腳	接腳說明	ESP32S 開發板接腳

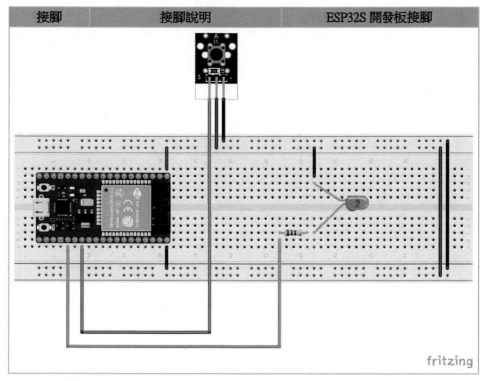

資料來源：ESP32 程式設計(基礎篇):ESP32 IOT Programming (Basic Concept & Tricks)(曹永忠, 2020a, 2020b; 曹永忠 et al., 2015f)

　　我們遵照前幾章所述，將 ESP 32 開發板的驅動程式安裝好之後，我們打開 ESP 32 開發板的開發工具：Sketch IDE 整合開發軟體(安裝 Arduino 開發環境，請參考 『ESP32 程式設計(基礎篇):ESP32 IOT Programming (Basic Concept & Tricks)』之 『Arduino 開發 IDE 安裝』(曹永忠, 2020a, 2020b, 2020f)，安裝 ESP 32 開發板 SDK 請參考 『ESP32 程式設計(基礎篇):ESP32 IOT Programming (Basic Concept & Tricks)』之 『安裝 ESP32 Arduino 整合開發環境』(曹永忠, 2020a, 2020b, 2020c, 2020e))，編寫一段程式，下表所示之按壓開關模組測試程式，我們就可以透過按鈕開關來控制任何電路的開啟與關閉。

表 27 按壓開關模組測試程式

按壓開關模組測試程式(Button_sensor)

```
#define ButtonSensor 4 //定义水银倾斜开关传感器接口
#define LedPin 2 //定义 LED 接口 int val;//定义数字变量 val
void setup()
{
    pinMode(LedPin, OUTPUT); //定义 LED 为输出接口
    pinMode(ButtonSensor, INPUT); //定义倾斜开关传感器为输出接口

    Serial.begin(115200);
}
void loop()
{
    val = digitalRead(ButtonSensor); //将数字接口 15 的值读取赋给 val
    if (val == HIGH) //当倾斜开关传感器检测有信号时，LED 闪烁
    {
        digitalWrite(LedPin, HIGH);
    }
    else
    {
        digitalWrite(LedPin, LOW);
    }
    Serial.print("val:");
    Serial.println(val, HEX);
}
```

程式下載：https://github.com/brucetsao/ESP_37_Modules

　　讀者可以看到本次實驗-按壓開關模組結果畫面。下圖所示，我們可以看到雙按壓開關模組結果畫面。

圖 52 按壓開關模組結果畫面

章節小結

本章主要介紹如何使用常用模組中較簡單入門的介紹，透過 ESP32S 開發板來顯示與回饋等入門的實驗。

4
CHAPTER

進階模組

本章要介紹 37 件 ESP32S 模組(如圖 18 所示)更進階的感測模組，讓讀者可以輕鬆學會這些進階模組的使用方法，進而提升各位 Maker 的實力。

敲擊感測模組

如果我們要製作敲擊樂器，最重要的零件是敲擊感測器，所以本節介紹敲擊感測模組，如下圖所示，它主要是使用 Mini Switch 作成按壓開關模組。

圖 53 敲擊感測模組

本實驗是採用敲擊感測模組，如下圖所示，由於敲擊感測器需要搭配基本量測電路，所以我們使用敲擊感測模組來當實驗主體，並不另外組立基本量測電路。

如下圖所示，先參考敲擊感測模組的腳位接法，如下表所示之按壓開關模組接腳表進行電路組裝。

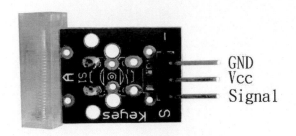

圖 54 敲擊感測模組腳位圖

表 28 敲擊感測模組接腳表

接腳	接腳說明	ESP32S 開發板接腳
1	Vcc	電源 (+5V) ESP32S +5V
2	GND	ESP32S GND
3	Signal	ESP32S GPIO 4
1	Led +	ESP32S GPIO 2
2	Led -	ESP32S GND

接腳	接腳說明	ESP32S 開發板接腳

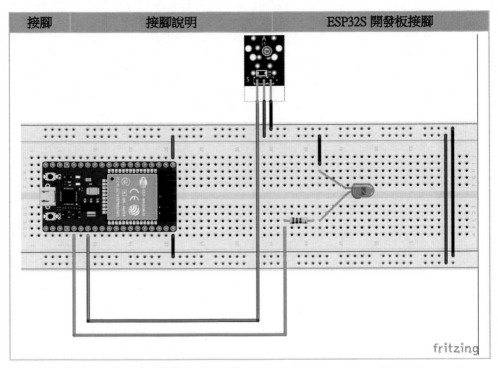

資料來源：ESP32 程式設計(基礎篇):ESP32 IOT Programming (Basic Concept & Tricks)(曹永忠, 2020a, 2020b; 曹永忠 et al., 2015f)

我們遵照前幾章所述，將 ESP 32 開發板的驅動程式安裝好之後，我們打開 ESP 32 開發板的開發工具：Sketch IDE 整合開發軟體(安裝 Arduino 開發環境，請參考 『ESP32 程式設計(基礎篇):ESP32 IOT Programming (Basic Concept & Tricks)』之『Arduino 開發 IDE 安裝』(曹永忠, 2020a, 2020b, 2020f)，安裝 ESP 32 開發板 SDK 請參考 『ESP32 程式設計(基礎篇):ESP32 IOT Programming (Basic Concept & Tricks)』之『安裝 ESP32 Arduino 整合開發環境』(曹永忠, 2020a, 2020b, 2020c, 2020e))，編寫一段程式，如表 28 所示之敲擊感測模組測試程式，我們就可以透過敲擊感測模組來偵測任何敲擊的動作。

表 29 敲擊感測模組測試程式

敲擊感測模組測試程式(Knock_sensor)

```
#define KnockSensor 4 //定义水银倾斜开关传感器接口
#define LedPin 2 //定义 LED 接口 int val;//定义数字变量 val
void setup()
{
    pinMode(LedPin, OUTPUT); //定义 LED 为输出接口
    pinMode(KnockSensor, INPUT); //定义倾斜开关传感器为输出接口

    Serial.begin(115200);
}
void loop()
{
    val = digitalRead(KnockSensor); //将数字接口 15 的值读取赋给 val
    if (val == HIGH) //当倾斜开关传感器检测有信号时，LED 闪烁
    {
        digitalWrite(LedPin, HIGH);
    }
    else
    {
        digitalWrite(LedPin, LOW);
    }
    Serial.print("val:");
    Serial.println(val, HEX);
}
```

程式下載：https://github.com/brucetsao/ESP_37_Modules

　　讀者可以看到本次實驗-敲擊感測模組測試程式結果畫面。下圖所示，我們可以看到敲擊感測模組測試程式結果畫面。

圖 55 敲擊感測模組測試程式結果畫面

光電開關模組(光遮斷感應器)

許多機構都需要偵測是否靠近或是到達那一個定點,用最多的就是使用如下圖所示之光遮斷感應器(Photo Interrupter),如下圖所示我們本節介紹光電開關模組(光遮斷感應器),它主要是使用光遮斷感應器作成按壓開關模組。

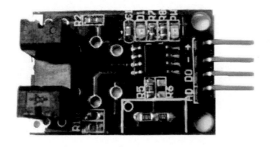

圖 56 光電開關模組(光遮斷感應器)

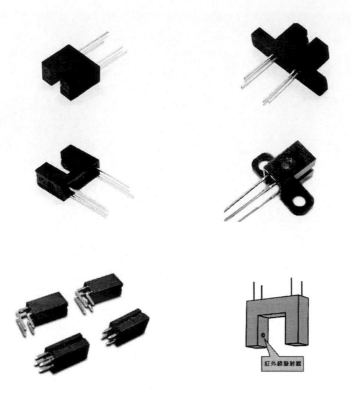

圖 57 光遮斷感應器

　　本實驗是採用光電開關模組(光遮斷感應器)，如下圖所示，由於光遮斷感應器需要搭配基本量測電路，所以我們使用光電開關模組(光遮斷感應器)來當實驗主體，並不另外組立基本量測電路。

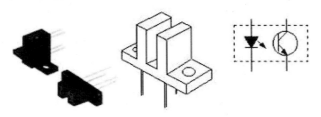

圖 58 光遮斷感應器機構電路圖

　　如下圖所示，先參考光電開關模組(光遮斷感應器腳位接法，如下表所示之光電開關模組(光遮斷感應器接腳表進行電路組裝。

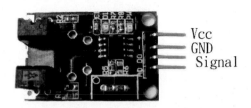

圖 59 光電開關模組(光遮斷感應器)腳位圖

表 30 光電開關模組(光遮斷感應器)接腳表

接腳	接腳說明	ESP32S 開發板接腳
1	Vcc	電源 (+5V) ESP32S +5V
2	GND	ESP32S GND
3	Signal	ESP32S GPIO 4
1	Led +	ESP32S GPIO 2
2	Led -	ESP32S GND

接腳	接腳說明	ESP32S 開發板接腳

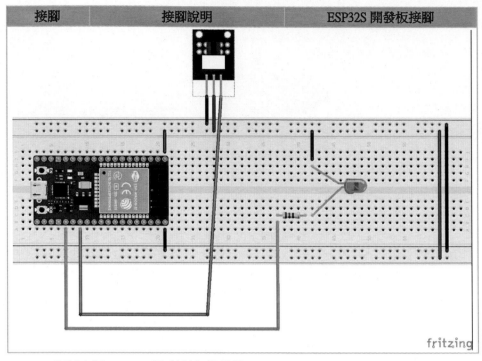

資料來源：ESP32程式設計(基礎篇):ESP32 IOT Programming (Basic Concept & Tricks)(曹永忠, 2020a, 2020b; 曹永忠 et al., 2015f)

我們遵照前幾章所述，將 ESP 32 開發板的驅動程式安裝好之後，我們打開 ESP 32 開發板的開發工具：Sketch IDE 整合開發軟體(安裝 Arduino 開發環境，請參考『ESP32 程式設計(基礎篇):ESP32 IOT Programming (Basic Concept & Tricks)』之『Arduino 開發 IDE 安裝』(曹永忠, 2020a, 2020b, 2020f)，安裝 ESP 32 開發板 SDK 請參考『ESP32 程式設計(基礎篇):ESP32 IOT Programming (Basic Concept & Tricks)』之『安裝 ESP32 Arduino 整合開發環境』(曹永忠, 2020a, 2020b, 2020c, 2020e))，編寫一段程式，如下表所示之光電開關模組(光遮斷感應器)測試程式測試程式，我們就可以透過光電開關模組(光遮斷感應器)來偵測物品進入光遮斷感應器之間。

表 31 光電開關模組(光遮斷感應器)測試程式

光電開關模組(光遮斷感應器)測試程式(Photo_Interrupter)

```
#define PhotoInterrupterSensor 4 //定义水银倾斜开关传感器接口
#define LedPin 2 //定义 LED 接口 int val;//定义数字变量 val
void setup()
{
    pinMode(LedPin, OUTPUT); //定义 LED 为输出接口
    pinMode(PhotoInterrupterSensor, INPUT); //定义倾斜开关传感器为输出接口

    Serial.begin(115200);
}
void loop()
{
    val = digitalRead(PhotoInterrupterSensor); //将数字接口 15 的值读取赋给 val
    if (val == HIGH) //当倾斜开关传感器检测有信号时，LED 闪烁
    {
        digitalWrite(LedPin, HIGH);
    }
    else
    {
        digitalWrite(LedPin, LOW);
    }
    Serial.print("val:");
    Serial.println(val, HEX);
}
```

程式下載：https://github.com/brucetsao/ESP_37_Modules

　　讀者可以看到本次實驗-光電開關模組(光遮斷感應器)結果畫面。如下圖所示，我 們 可 以 看 到 光 電 開 關 模 組 (光 遮 斷 感 應 器) 結 果 畫 面 。

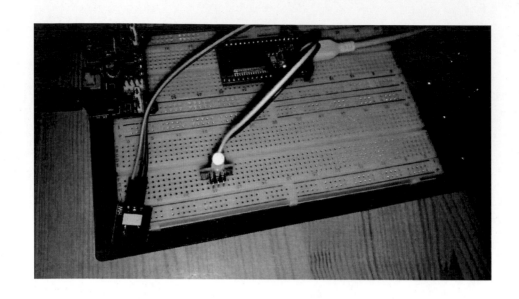

圖 60 光電開關模組(光遮斷感應器)結果畫面

有源嗡鳴器模組

在許多地方，需要發出嗡鳴聲是非常普遍的事，如下圖所示，我們本節介紹有嗡鳴器模組，它主要是使用嗡鳴器作成有源嗡鳴器模組。

圖 61 有源嗡鳴器模組

本實驗是採用嗡鳴器，如下圖所示，由於嗡鳴器需要搭配基本量測電路，所以我們使用有源嗡鳴器模組來當實驗主體，並不另外組立基本量測電路。

如下圖所示，先參考有源嗡鳴器模組的腳位接法，如下表所示之有源嗡鳴器模組接腳表進行電路組裝。

圖 62 有源嗡鳴器模組腳位圖

表 32 有源嗡鳴器模組接腳表

接腳	接腳說明	ESP32S 開發板接腳
1	Vcc	電源 (+5V) ESP32S +5V
2	GND	ESP32S GND
3	Signal	ESP32S GPIO 2

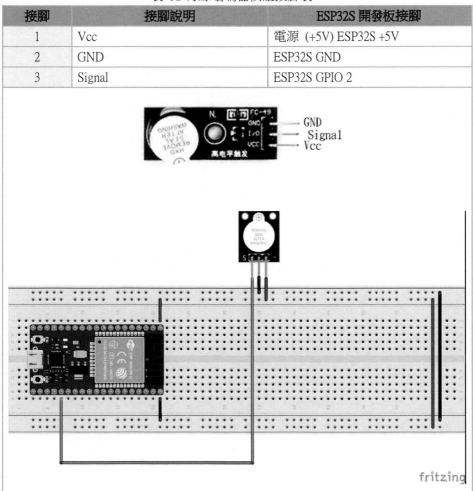

我們遵照前幾章所述，將 ESP 32 開發板的驅動程式安裝好之後，我們打開 ESP 32 開發板的開發工具：Sketch IDE 整合開發軟體(安裝 Arduino 開發環境，請參考『ESP32 程式設計(基礎篇):ESP32 IOT Programming (Basic Concept & Tricks)』之『Arduino 開發 IDE 安裝』(曹永忠, 2020a, 2020b, 2020f)，安裝 ESP 32 開發板 SDK 請參考『ESP32 程式設計(基礎篇):ESP32 IOT Programming (Basic Concept & Tricks)』之『安裝 ESP32 Arduino 整合開發環境』(曹永忠, 2020a, 2020b, 2020c, 2020e))，編寫一段程式，如下表所示之有源峰鳴器模組測試程式，我們就可以使用有源峰鳴器模組來發出嗡鳴聲。

表 33 有源嗡鳴器模組測試程式

有源嗡鳴器模組測試程式(Buzzer_sensor)

```
#define buzzer 2//设置控制蜂鸣器的数字 IO 脚
void setup()
{
  pinMode(buzzer, OUTPUT); //设置数字 IO 脚模式，OUTPUT 为输出
}
void loop()
{
  digitalWrite(buzzer, HIGH);
  delay(3000);
  digitalWrite(buzzer, LOW);
  delay(1000);
}
```

程式下載：https://github.com/brucetsao/ESP_37_Modules

讀者可以看到本次實驗-有源嗡鳴器模組測試程式結果畫面。如下圖所示，我們可以看到有源嗡鳴器模組測試程式結果畫面。

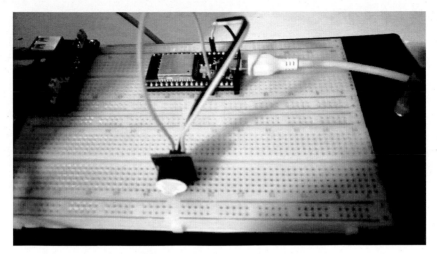

圖 63 有源嗡鳴器模組測試程式結果畫面

無源嗡鳴器模組

在許多地方，需要發出嗡鳴聲是非常普遍的事，我們在上節介紹有源嗡鳴器模組，但有源嗡鳴器模組只能發出固定的聲調的嗡鳴聲，我們只能控制發聲的時間長短，如果我們希望發出不同聲調的嗡鳴聲，就無法達到我們的要求，所以本節介紹另一種嗡鳴器，可以控制聲調的嗡鳴聲，作成無源嗡鳴器模組。

圖 64 無源嗡鳴器模組

本實驗是採用嗡鳴器，如下圖所示，由於嗡鳴器需要搭配基本量測電路，所以我們使用無源嗡鳴器模組來當實驗主體，並不另外組立基本量測電路。

如下圖所示，先參考無源嗡鳴器模組的腳位接法，如下表所示之無源嗡鳴器模組接腳表進行電路組裝。

圖 65 無源嗡鳴器模組腳位圖

表 34 無源嗡鳴器模組接腳表

接腳	接腳說明	ESP32S 開發板接腳
1	Vcc	電源 (+5V) ESP32S +5V
2	GND	ESP32S GND
3	Signal	ESP32S GPIO 26

我們遵照前幾章所述，將 ESP 32 開發板的驅動程式安裝好之後，我們打開 ESP 32 開發板的開發工具：Sketch IDE 整合開發軟體(安裝 Arduino 開發環境，請參考 『ESP32 程式設計(基礎篇):ESP32 IOT Programming (Basic Concept & Tricks)』之『Arduino 開發 IDE 安裝』(曹永忠, 2020a, 2020b, 2020f)，安裝 ESP 32 開發板 SDK 請參考 『ESP32 程式設計(基礎篇):ESP32 IOT Programming (Basic Concept & Tricks)』之『安裝 ESP32 Arduino 整合開發環境』(曹永忠, 2020a, 2020b, 2020c, 2020e))，編寫一段程式，如下表所示之無源峰鳴器模組測試程式，我們就可以控制無源嗡鳴器模組來發出不同聲調嗡鳴聲。

表 35 無源嗡鳴器模組測試程式

無源嗡鳴器模組測試程式(CtlBuzzer_sensor)

```
#define speakerPin 26                              //設定蜂鳴器接腳為
GPIO26
void setup()
{
      pinMode(speakerPin,OUTPUT);                  //設定蜂鳴器為輸出
}

void loop()
{

unsigned char i,j;                                 //定義變數
while(1)
  {
    for(i=0;i<80;i++);                             //發出一個
頻率的聲音
      {
        digitalWrite(speakerPin,HIGH);            //發出聲音
        delay(1);
//延时 1ms
        digitalWrite(speakerPin,LOW);             //不發聲音
        delay(1);
//延时 1ms
```

```
        for(i=0;i<100;i++);                              //發出
另一個頻率的聲音
        {
        digitalWrite(speakerPin,HIGH);                   //發聲音
        delay(2);
//延时 2ms
        digitalWrite(speakerPin,LOW);                    //不發聲音
        delay(2);
//延时 2ms
        }
      }
    }
}
```

程式下載：https://github.com/brucetsao/ESP_37_Modules

　　讀者可以看到本次實驗-無源峰鳴器模組測試程式結果畫面。如下圖所示，我們

可以看到無源峰鳴器模組測試程式結果畫面。

圖 66 無源峰鳴器模組測試程式結果畫面

溫度感測模組(DS18B20)

許多地方我們都需要量測溫度，所以使用溫度感測模組是最普通不過的事，如下圖所示，本節介紹溫度感測模組(DS18B20)，它主要是使用 DS18B20 溫度感測器作成溫度感測模組(DS18B20)。

DS18B20 是常用的數位溫度感測模組，其輸出的是數位信號，具有體積小，低成本，抗干擾能力強，精度高的特點。DS18B20 數位溫度感測模組接線方便，整體封裝成後可應用於多種場合，如管道式，螺紋式，磁鐵吸附式，不銹鋼封裝式，型號多種多樣，有 LTM8877，LTM8874 等等。

主要根據應用場合的不同而改變其外觀。封裝後的 DS18B20 可用於電纜溝測溫，高爐水循環測溫，鍋爐測溫，機房測溫，農業棚測溫，潔淨室測溫，彈藥庫測溫等各種非極限溫度場合。

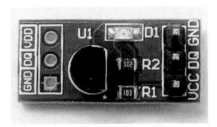

圖 67 溫度感測模組(DS18B20)

DS18B20 溫度感測模組提供 高達 9 位元溫度準確度來顯示物品的溫度。而溫度的資料只需將訊號經過單線串列送入 DS18B20 或從 DS18B20 送出，如下圖所示，因此從中央處理器到 DS18B20 僅需連接一條線（和地）。

DS18B20 溫度感測模組讀、寫和完成溫度變換所需的電源可以由數據線本身提供，而不需要外部電源。因為每一個 DS18B20 溫度感測模組有唯一的系列號（silicon serial number），因此多個 DS18B20 溫度感測模組可以存在於同一條單線總線上。這允許在許多不同的地方放置 DS18B20 溫度感測模組。

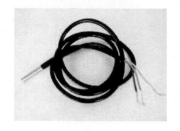

圖 68 DS-18B20 數位溫度感測器

DS-18B20 數位溫度感測器特性介紹

1. DS18B20 的主要特性

● 適應電壓範圍更寬，電壓範圍：3.0～5.5V，在寄生電源[4]方式下可由數據線
  供電

● 獨特的單線介面方式，DS18B20 在與微處理器連接時僅需要一條通訊線即
  可實現微處理器與 DS18B20 的通訊。

2. 雙向通訊

● DS18B20 支援多點組網功能，多個 DS18B20 可以並聯在唯一的三線上，
  實現組網多點測溫。

● DS18B20 在使用中不需要任何週邊元件，全部感測元件及轉換電路整合在
  形如一只三極管的積體電路內 。

---

[4] 寄生電源(The parasitic power)不是實際的電源器件，而是一種供電方式，即通過數據線供電

- 可測量溫度範圍為－55℃～＋125℃，在-10～+85℃時精度為±0.5℃ 。

- 程式讀取的解析度為 9～12 位元，對應的可分辨溫度分別為 0.5℃、0.25 ℃、0.125℃和 0.0625℃，可達到高精度測溫 。

- 在 9 位元解析度狀態時，最快在 93.75ms 內就可以把溫度轉換為數位資 料，在 12 位元解析度狀態時，最快在 750ms 內把溫度值轉換為數位資料， 速度更快 。

- 測量結果直接輸出數位溫度信號，只需要使用一條線路的資料匯流排，使 用串列方式傳送給微處理機，並同時可傳送 CRC 檢驗碼，且具有極強的 抗幹擾除錯能力 。

- 負壓特性：電源正負極性接反時，晶片不會因發熱而燒毀， 只是不能正常 工作。

3. DS18B20 的外形和內部結構

- DS18B20 內部結構主要由四部分組成：64 位元 ROM 、溫度感測器、非揮 發的溫度報警觸發器 TH 和 T 配置暫存器。

- DS18B20 的外形及管腳排列(如下圖所示)

4. DS18B20 接腳定義：(如下圖所示)

- DQ 為數位資號輸入/輸出端；

- GND 為電源地；

- VDD 為外接供電電源輸入端。

PIN ASSIGNMENT

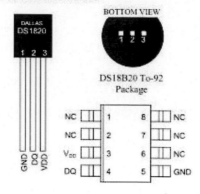

圖 69 DS18B20 腳位一覽圖

　　本實驗是採用溫度感測模組(DS18B20)，如上上圖所示，先參考下圖所示之溫度

感測模組(DS18B20)腳位，在遵照如下表所示之溫度感測模組(DS18B20 接腳表進行

電路組裝。

圖 70 溫度感測模組(DS18B20)腳位圖

接腳	接腳說明	ESP32S 開發板接腳
S	Vcc	電源 (+5V) ESP32S +5V
2	GND	ESP32S GND
3	Signal	ESP32S (GPIO26)

接腳	接腳說明	ESP32S 開發板接腳

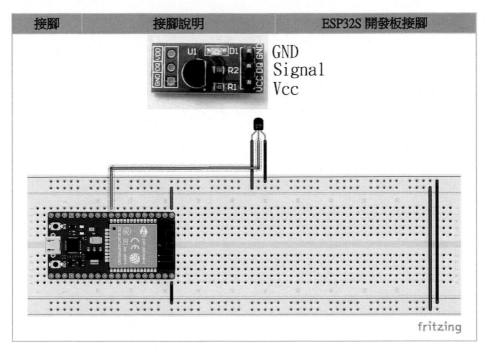

資料來源：ESP32 程式設計(基礎篇):ESP32 IOT Programming (Basic Concept & Tricks)(曹永忠, 2020a, 2020b; 曹永忠 et al., 2015f)

我們遵照前幾章所述，將 ESP 32 開發板的驅動程式安裝好之後，我們打開 ESP 32 開發板的開發工具：Sketch IDE 整合開發軟體(安裝 Arduino 開發環境，請參考『ESP32 程式設計(基礎篇):ESP32 IOT Programming (Basic Concept & Tricks)』之『Arduino 開發 IDE 安裝』(曹永忠, 2020a, 2020b, 2020f)，安裝 ESP 32 開發板 SDK 請參考『ESP32 程式設計(基礎篇):ESP32 IOT Programming (Basic Concept & Tricks)』之『安裝 ESP32 Arduino 整合開發環境』(曹永忠, 2020a, 2020b, 2020c, 2020e))，編寫一段程式，編寫一段程式，如下表所示之溫度感測模組(DS18B20)測試程式。

表 36 溫度感測模組(DS18B20)測試程式

溫度感測模組(DS18B20)測試程式(DS18B20_Temperature)
//--------- Read temperature from DS18B20 witn one Sec interval -------- //--------- Declare one DS18B20 Temperature object   -------------

```
#define    DS18B20_Pin    26
#include <OneWire.h>
#include <DS18B20.h>
DS18B20 dd(DS18B20_Pin);    // on digital pin 7

//------------------------------------------------------

void setup()
{
    Serial.begin(9600) ;
}

void loop()
{
    Serial.println(dd.getTemperature(),2) ; // show the temperature with xx.xx
    delay(1000) ;
}
```

程式下載：https://github.com/brucetsao/ESP_37_Modules

讀者可以看到本次實驗-溫度感測模組(DS18B20)測試程式結果畫面。如下圖所示，我們可以看到溫度感測模組(DS18B20)測試程式結果畫面。

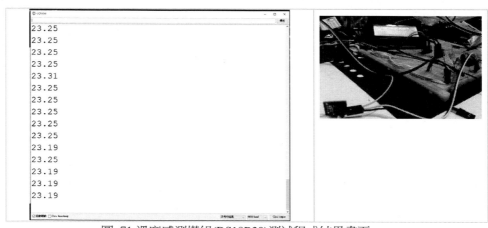

圖 71 溫度感測模組(DS18B20)測試程式結果畫面

溫度感測模組(LM35)

LM35 是很常用且易用的溫度感測器元件，在元器件的應用上也只需要一個 LM35 元件，只利用一個類比介面就可以，將讀取的類比值轉換為實際的溫度，其接腳的定義，請參考如下圖所示 LM35 溫度感測器所示。

所需的元器件如下。

● 直插 LM35*1

● 麵包板*1

● 麵包板跳線*1 紫

如圖 72 所示，這個實驗我們需要用到的實驗硬體有下圖.(a)的.ESP32S-WROOM-32D 與下圖.(b) USB 下載線、下圖.(c) LM35 溫度感測器：

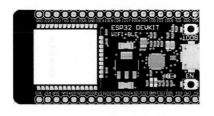

(a)..ESP32S開發板

(b). USB 下載線

(c).LM35溫度感測器

圖 72 LM35 溫度感測器所需材料表

表 37 溫度感測模組(LM35)接腳表

接腳	接腳說明	ESP32S 開發板接腳
1	Vcc	電源 (+5V) ESP32S +5V
2	GND	ESP32S GND
3	Signal	ESP32S GPIO 15(ADC 13)

資料來源：ESP32 程式設計(基礎篇):ESP32 IOT Programming (Basic Concept & Tricks)(曹永忠, 2020a, 2020b; 曹永忠 et al., 2015f)

我們遵照前幾章所述，將 ESP 32 開發板的驅動程式安裝好之後，我們打開 ESP 32 開發板的開發工具：Sketch IDE 整合開發軟體(安裝 Arduino 開發環境，請參考『ESP32 程式設計(基礎篇):ESP32 IOT Programming (Basic Concept & Tricks)』之『Arduino 開發 IDE 安裝』(曹永忠, 2020a, 2020b, 2020f)，安裝 ESP 32 開發板 SDK 請參考『ESP32 程式設計(基礎篇):ESP32 IOT Programming (Basic Concept & Tricks)』之『安裝 ESP32 Arduino 整合開發環境』(曹永忠, 2020a, 2020b, 2020c, 2020e))，編寫一段程

式，如下表所示之 LM35 溫度感測器程式程式，讓 ESP32S 讀取 LM35 溫度感測器程

式，並把溫度顯示在 Sketch 的監控畫面。

表 38 LM35 溫度感測器程式

LM35 溫度感測器程式(LM35)
| ```
const int analogIn = A0;

int RawValue= 0;
double Voltage = 0;
double tempC = 0;
double tempF = 0;

void setup(){
Serial.begin(9600);
}

void loop(){

RawValue = analogRead(analogIn);
Voltage = (RawValue / 2048.0) * 3300; // 5000 to get millivots.
tempC = Voltage * 0.1;
tempF = (tempC * 1.8) + 32; // conver to F
Serial.print("Raw Value = " ); // shows pre-scaled value
Serial.print(RawValue);
Serial.print("\t milli volts = "); // shows the voltage measured
Serial.print(Voltage,0); //
Serial.print("\t Temperature in C = ");
Serial.print(tempC,1);
Serial.print("\t Temperature in F = ");
Serial.println(tempF,1);
delay(500);
}
``` |

程式下載：https://github.com/brucetsao/ESP_37_Modules
```

Raw Value = 173 milli volts = 279 Temperature in C = 27.9 Temperature in F = 82.2
Raw Value = 173 milli volts = 279 Temperature in C = 27.9 Temperature in F = 82.2
Raw Value = 170 milli volts = 274 Temperature in C = 27.4 Temperature in F = 81.3
Raw Value = 173 milli volts = 279 Temperature in C = 27.9 Temperature in F = 82.2
Raw Value = 169 milli volts = 272 Temperature in C = 27.2 Temperature in F = 81.0
Raw Value = 168 milli volts = 271 Temperature in C = 27.1 Temperature in F = 80.7
Raw Value = 172 milli volts = 277 Temperature in C = 27.7 Temperature in F = 81.9
Raw Value = 169 milli volts = 272 Temperature in C = 27.2 Temperature in F = 81.0

圖 73 LM35 溫度感測器程式結果畫面

類比溫度感測器模組

許多地方我們都需要量測溫度，所以使用溫度感測模組是最普通不過的事，本
節介紹溫度感測模組 (如下圖所示)，它主要是使用溫度感應電組作成溫度感測模組。

圖 74 類比溫度感測器模組

　　本實驗是採用類比溫度感測器模組，如下圖所示，先參考如下圖所示之類比溫度感測器模組腳位圖腳，在遵照如下表所示之類比溫度感測器模組接腳表進行電路組裝。

圖 75 類比溫度感測器模組腳位圖

表 39 類比溫度感測器模組接腳表

接腳	接腳說明	ESP32S 開發板接腳
1	Vcc	電源 (+5V) ESP32S +5V
2	GND	ESP32S GND
3 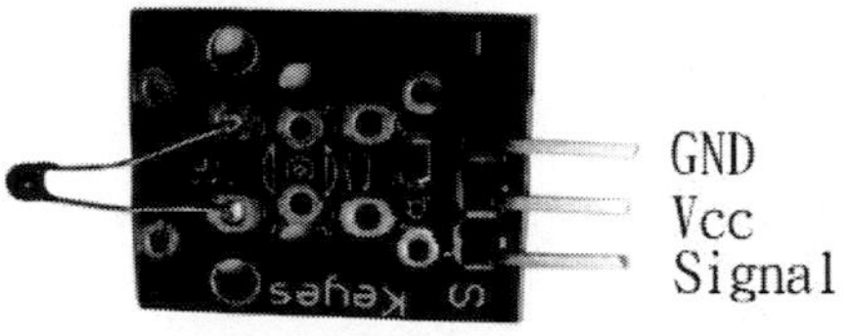	Signal	ESP32S GPIO 15(ADC 13)

接腳	接腳說明	ESP32S 開發板接腳

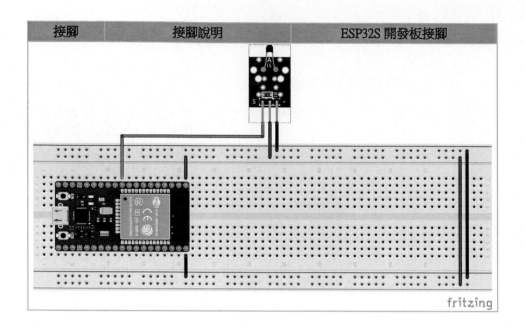

fritzing

我們遵照前幾章所述，將 ESP 32 開發板的驅動程式安裝好之後，我們打開 ESP 32 開發板的開發工具：Sketch IDE 整合開發軟體(安裝 Arduino 開發環境，請參考『ESP32 程式設計(基礎篇):ESP32 IOT Programming (Basic Concept & Tricks)』之『Arduino 開發 IDE 安裝』(曹永忠, 2020a, 2020b, 2020f)，安裝 ESP 32 開發板 SDK 請參考『ESP32 程式設計(基礎篇):ESP32 IOT Programming (Basic Concept & Tricks)』之『安裝 ESP32 Arduino 整合開發環境』(曹永忠, 2020a, 2020b, 2020c, 2020e))，編寫一段程式，如下表所示之類比溫度感測器模組測試程式。

表 40 類比溫度感測器模組測試程式

類比溫度感測器模組測試程式(Temp_sensor)

```
#define APin    A13
float temperature = 0;
long value = 0;



void setup() {
  Serial.begin(9600); //設置串口波特率 9600
```

```
}

void loop() {
    value = analogRead(APin); //讀取模擬輸入

    //電壓與攝氏度轉換：
    //5/4096=0.001220703125，（0~5V）對應模擬口讀數（0~4095），相當於
10mv/1℃
    temperature = (value * 0.01220703125);

    Serial.println("Temper=");
    Serial.print(    temperature);
    Serial.println("℃");
    delay(500);
}
```

程式下載：https://github.com/brucetsao/ESP_37_Modules

當然，如下圖所示，我們可以看到類比溫度感測器模組結果畫面。

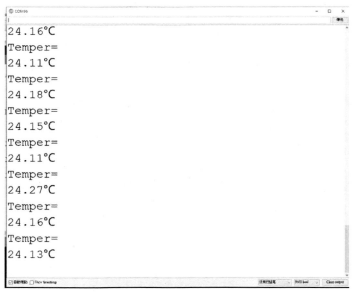

圖 76 類比溫度感測器模組結果畫面

火燄感測器模組

居家最需要注意的事就是注意火融,所以如果能夠使用 ESP32S 開發板來做一個火災警示入門的實驗,本實驗除了一塊 ESP32S 開發板與 USB 下載線之外,我們加入 IR LED 紅外線接收二極體與限流電阻的元件。

使用紅外線接收二極體(IR Led)工作原理

火焰感測器利用紅外線對火焰非常敏感的特點,使用特製的紅外線接收二極體來檢查是否有火焰的存在,然後把火焰的亮度轉化為高低變化的類比訊號,輸入到 ESP32S 開發板,ESP32S 開發板根據攥寫的程式,根據信號的變化做出相應的程式處理。

實驗原理

在有火焰靠近和沒有火焰靠近兩種情況下,ESP32S 開發板的類比接腳 A0,讀到的電壓值是有變化的。

作者用實際用三用電表測量時,在沒有火焰靠近時,類比接腳 A0 讀到的電壓值為 0.5V 左右;當有火焰靠近時,類比接腳 A0 讀到的電壓值為 3.0V 左右,火焰靠近距離越近電壓值越大。

如下圖所示,這個實驗我們需要用到的實驗硬體有如下圖.(a)的.ESP32S-WROOM-32D、如下圖.(b) USB 下載線、如下圖.(c) 火燄感測模組、如下圖.(d) LED 發光二極體。

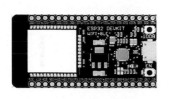  

(a)..ESP32S-WROOM-32D　　　(b). USB 下載線　　　(c). 火燄感測模組

(d). LED模組

圖 77 火燄感測器模組所需材料表

我們遵照前幾章所述，將 ESP32S 開發板的驅動程式安裝好之後，遵照如下表所示之電路圖進行組裝。

表 41　火燄感測器模組接腳表

接腳	火燄感測器	ESP32S 接腳
1	GND	ESP32S GND
2	VCC	ESP32S +5V
4	D0	ESP32S GPIO 15

1	Led +	ESP32S GPIO 4
2	Led -	ESP32S GND

接腳	火燄感測器	ESP32S 接腳

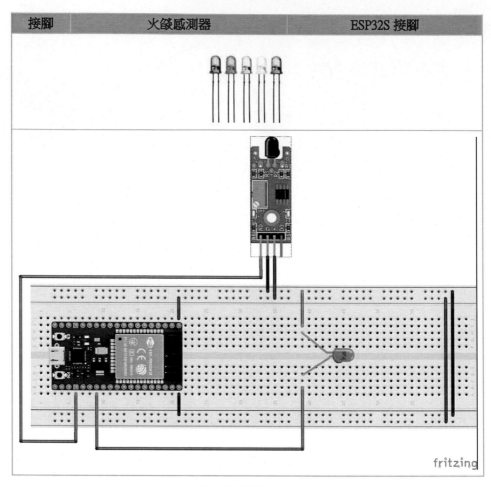

圖 78 火燄感測器模組接腳完成圖

　　我們遵照前幾章所述，將 ESP 32 開發板的驅動程式安裝好之後，我們打開 ESP 32 開發板的開發工具：Sketch IDE 整合開發軟體(安裝 Arduino 開發環境，請參考『ESP32 程式設計(基礎篇):ESP32 IOT Programming (Basic Concept & Tricks)』之『Arduino 開發 IDE 安裝』(曹永忠, 2020a, 2020b, 2020f)，安裝 ESP 32 開發板 SDK 請參考『ESP32 程式設計(基礎篇):ESP32 IOT Programming (Basic Concept & Tricks)』之『安裝 ESP32 Arduino 整合開發環境』(曹永忠, 2020a, 2020b, 2020c, 2020e))，編寫一段程式，鍵入如下表所示之火燄感測器模組測試程式。

表 42 火燄感測器模組測試程式

火燄感測器模組測試程式(flame_sensor)

```
#define flameDPin    15
#define LedPin 4

void setup()
{
pinMode(LedPin,OUTPUT);
 pinMode(flameDPin,INPUT);


   Serial.begin(115200);//設定串列傳輸速率為 115200
}
void loop() {
   int val ;
    val=digitalRead(flameDPin);//讀取火焰感測器的模擬值

    Serial.println("val:");
    Serial.println(val);//輸出模擬值，並將其列印出來

    if (val ==    1)
    {
            digitalWrite(LedPin,HIGH) ;
    }
    else
    {
            digitalWrite(LedPin,LOW) ;
    }

  delay(200);
}
```

程式下載：https://github.com/brucetsao/ESP_37_Modules

　　讀者可以看到本次實驗-火燄感測器模組測試程式結果畫面。如下圖所示，我們

可以看到火燄感測器模組測試程式結果畫面。

圖 79 火燄感測器模組測試程式結果畫面

繼電器模組

我們有時後需要作一些電器開關的控制，這時後就需要用到繼電器(Relay)，所以我們建議使用繼電器模組來控制電器開關的開啟或關閉。如下圖所示，所以本節介紹繼電器模組，它主要是使用繼電器(Relay)作成繼電器模組。

圖 80 繼電器模組

本實驗是採用繼電器模組，如下圖所示，由於繼電器(Relay)需要搭配基本量測電路，所以我們使用繼電器模組來當實驗主體，並不另外組立基本量測電路。

如下圖所示，先參考繼電器模組的腳位接法，在遵照如下表所示之繼電器模組接腳表進行電路組裝。

圖 81 繼電器模組腳位圖

表 43 繼電器模組接腳表

接腳	接腳說明	ESP32S 開發板接腳
1	Vcc	電源 (+5V) ESP32S +5V
2	GND	ESP32S GND
3	Signal	ESP32S GPIO 15
4	共用	ESP32S GPIO 4
5	常開	Led +
1	Led +	繼電器模組-常開端
2	Led -	ESP32S GND

接腳	接腳說明	ESP32S 開發板接腳

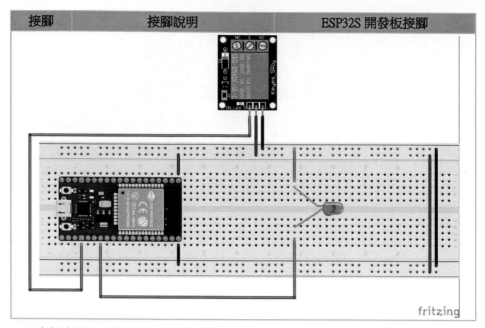

資料來源：ESP32 程式設計(基礎篇):ESP32 IOT Programming (Basic Concept & Tricks)(曹永忠, 2020a, 2020b; 曹永忠 et al., 2015f)

　　我們遵照前幾章所述，將 ESP 32 開發板的驅動程式安裝好之後，我們打開 ESP 32 開發板的開發工具：Sketch IDE 整合開發軟體(安裝 Arduino 開發環境，請參考『ESP32 程式設計(基礎篇):ESP32 IOT Programming (Basic Concept & Tricks)』之『Arduino 開發 IDE 安裝』(曹永忠, 2020a, 2020b, 2020f)，安裝 ESP 32 開發板 SDK 請參考『ESP32 程式設計(基礎篇):ESP32 IOT Programming (Basic Concept & Tricks)』之『安裝 ESP32 Arduino 整合開發環境』(曹永忠, 2020a, 2020b, 2020c, 2020e))，編寫一段程式，如表 28 所示之繼電器模組測試程式，我們就可以透過繼電器模組來控制電器開關的開啟或關閉，本實驗是點亮 Led 發光二極體。

表 44 繼電器模組測試程式

繼電器模組測試程式(relay_sensor)
#define relayDPin   15

```
#define LEDDPin    4

void setup()
{

 pinMode(relayDPin,OUTPUT);
 pinMode(LEDDPin,OUTPUT);

  Serial.begin(115200);//設定串列傳輸速率為 115200

}
void loop() {
   digitalWrite(LEDDPin,HIGH);
         Serial.println("Open Relay & Turn on Led");
         digitalWrite(relayDPin,HIGH);
         delay(3000);
//-----------------------------------
         Serial.println("Close Relay & Turn OFF Led");
         digitalWrite(relayDPin,LOW);
         delay(1000);
}
```

程式下載：https://github.com/brucetsao/ESP_37_Modules

　　讀者可以看到本次實驗-繼電器模組測試程式結果畫面。如下圖所示，可以看到

繼電器模組測試程式結果畫面。

圖 82 繼電器模組測試程式結果畫面

高感度麥克風模組

如果我們要偵測聲音，最重要的零件是高感度麥克風，如下圖所示，所以本節介紹高感度麥克風模組，它主要是使用高感度麥克風作成高感度麥克風模組。

圖 83 高感度麥克風模組

本實驗是採用高感度麥克風模組，如下圖所示，由於高感度麥克風需要搭配基本量測電路，所以我們使用高感度麥克風模組來當實驗主體，並不另外組立基本量測電路。

如下圖所示，先參考高感度麥克風模組的腳位接法，在遵照如下表所示之高感度麥克風模組接腳表進行電路組裝。

圖 84 高感度麥克風模組腳位圖

表 45 高感度麥克風模組接腳表

接腳	接腳說明	ESP32S 開發板接腳
1	Vcc	電源 (+5V) ESP32S +5V
2	GND	ESP32S GND
3	Signal	ESP32S GPIO15

接腳	接腳說明	ESP32S 開發板接腳
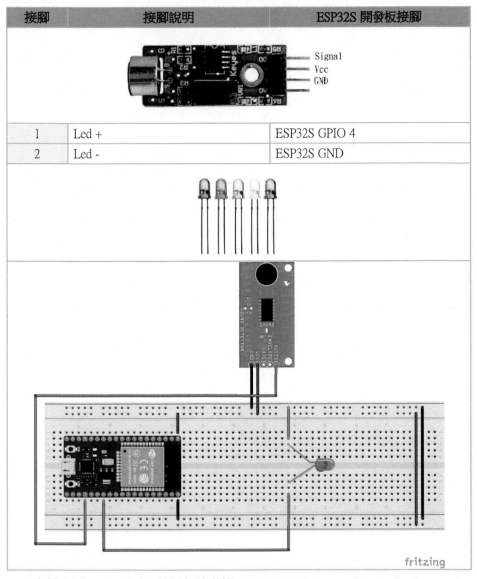		
1	Led +	ESP32S GPIO 4
2	Led -	ESP32S GND

資料來源：ESP32 程式設計(基礎篇):ESP32 IOT Programming (Basic Concept & Tricks)(曹永忠, 2020a, 2020b; 曹永忠 et al., 2015f)

　　我們遵照前幾章所述，將 ESP 32 開發板的驅動程式安裝好之後，我們打開 ESP 32 開發板的開發工具：Sketch IDE 整合開發軟體(安裝 Arduino 開發環境，請參考

『ESP32 程式設計(基礎篇):ESP32 IOT Programming (Basic Concept & Tricks)』之『Arduino 開發 IDE 安裝』(曹永忠, 2020a, 2020b, 2020f)，安裝 ESP 32 開發板 SDK 請參考『ESP32 程式設計(基礎篇):ESP32 IOT Programming (Basic Concept & Tricks)』之『安裝 ESP32 Arduino 整合開發環境』(曹永忠, 2020a, 2020b, 2020c, 2020e))，編寫一段程式，如下表所示之高感度麥克風模組測試程式，我們就可以透過高感度麥克風模組來偵測任何輕微的聲音。

表 46 高感度麥克風模組測試程式

高感度麥克風模組測試程式(Hisound_sensor)

```
#define DPin 15
#define LedPin 4

    int val = 0 ;
   int oldval =-1   ;
void setup()
{
pinMode(LedPin,OUTPUT);//設置數位 IO 腳模式，OUTPUT 為 Output
 pinMode(DPin,INPUT);//定義 digital 為輸入介面
 //pinMode(APin,INPUT);//定義為類比輸入介面


   Serial.begin(115200);//設定串列傳輸速率為 115200}
}
void loop() {

   val=digitalRead(DPin);
    Serial.print(oldval);
    Serial.print("/");
    Serial.print(val);
    Serial.print("\n");

   if (val ==1)
   {
          if (val != oldval)
```

```
        {
            digitalWrite(LedPin,HIGH)   ;
             oldval= val ;
        }
    }
    else
    {
        if (val != oldval)
        {
            digitalWrite(LedPin,LOW)   ;
            delay(2000);
             oldval= val ;
        }
    }
}
```

程式下載：https://github.com/brucetsao/ESP_37_Modules

　　讀者可以看到本次實驗-高感度麥克風模組測試程式結果畫面。如下圖所示，我
們可以看到高感度麥克風模組測試程式結果畫面。

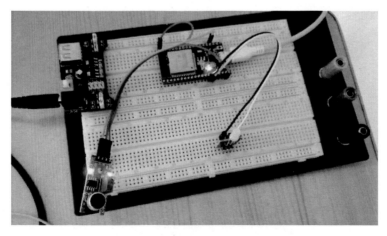

圖 85 高感度麥克風模組測試程式結果畫面

麥克風模組

如果我們要偵測聲音,最重要的零件是麥克風,如下圖所示,所以本節介紹麥克風模組,它主要是使用麥克風作成麥克風模組。

圖 86 麥克風模組

本實驗是採用麥克風模組,如下圖所示,由於麥克風需要搭配基本量測電路,所以我們使用麥克風模組來當實驗主體,並不另外組立基本量測電路。

如下圖所示,先參考麥克風模組的腳位接法,在遵照如下表所示之麥克風模組接腳表進行電路組裝。

圖 87 麥克風模組腳位圖

表 47 麥克風模組接腳表

接腳	接腳說明	ESP32S 開發板接腳
1	Vcc	電源 (+5V) ESP32S +5V
2	GND	ESP32S GND
3	Signal	ESP32S GPIO 15

接腳	接腳說明	ESP32S 開發板接腳
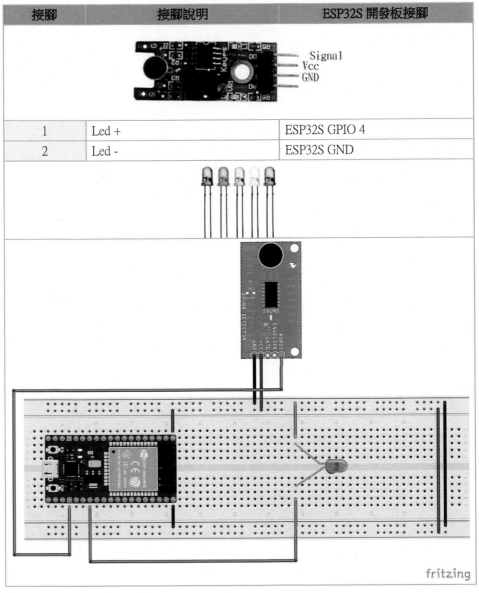		
1	Led +	ESP32S GPIO 4
2	Led -	ESP32S GND

資料來源：ESP32 程式設計(基礎篇):ESP32 IOT Programming (Basic Concept & Tricks)(曹永忠, 2020a, 2020b; 曹永忠 et al., 2015f)

　　我們遵照前幾章所述，將 ESP 32 開發板的驅動程式安裝好之後，我們打開 ESP 32 開發板的開發工具：Sketch IDE 整合開發軟體(安裝 Arduino 開發環境，請參考

『ESP32 程式設計(基礎篇):ESP32 IOT Programming (Basic Concept & Tricks)』之『Arduino 開發 IDE 安裝』(曹永忠, 2020a, 2020b, 2020f)，安裝 ESP 32 開發板 SDK 請參考『ESP32 程式設計(基礎篇):ESP32 IOT Programming (Basic Concept & Tricks)』之『安裝 ESP32 Arduino 整合開發環境』(曹永忠, 2020a, 2020b, 2020c, 2020e))，編寫一段程式，如下表所示之麥克風模組測試程式，我們就可以透過麥克風模組來偵測任何輕微的聲音。

表 48 麥克風模組測試程式

麥克風模組測試程式(mini_sound_sensor)

```
#define DPin 15
#define LedPin 4

    int val = 0 ;
   int oldval =-1   ;
void setup()
{
pinMode(LedPin,OUTPUT);//設置數位 IO 腳模式，OUTPUT 為 Output
 pinMode(DPin,INPUT);//定義 digital 為輸入介面
 //pinMode(APin,INPUT);//定義為類比輸入介面


   Serial.begin(115200);//設定串列傳輸速率為 115200}
}
void loop() {

   val=digitalRead(DPin);
   Serial.print(oldval);
   Serial.print("/");
   Serial.print(val);
   Serial.print("\n");

   if (val ==1)
   {
        if (val != oldval)
```

```
        {
                digitalWrite(LedPin,HIGH)   ;
                 oldval= val ;
        }
    }
    else
    {
         if (val != oldval)
         {
                digitalWrite(LedPin,LOW)   ;
                delay(2000);
                 oldval= val ;
         }
    }
}
```

程式下載：https://github.com/brucetsao/ESP_37_Modules

讀者可以看到本次實驗-麥克風模組測試程式結果畫面。

如下圖所示，可以看到麥克風模組測試程式結果畫面。

圖 88 麥克風模組測試程式結果畫面

溫濕度感測模組(DHT11)

如果我們要量測溫度，我們可以使用溫度感測器，如果我們又要量測濕度，我們可以使用量測感測器，這樣我們會需要很多的感測器，如下圖所示，所以本節介紹溫濕度感測模組(DHT11)，它主要是使用 DHT-11 作成溫濕度感測模組(DHT11)。

圖 89 溫濕度感測模組(DHT11)

本實驗是採用溫濕度感測模組(DHT11)，如下圖所示，由於 DHT-11 溫濕度感測器需要搭配基本量測電路，所以我們使用溫濕度感測模組(DHT11)來當實驗主體，並不另外組立基本量測電路。

如下圖所示，先參考溫濕度感測模組(DHT11)腳位接法，在遵照如下表所示之溫濕度感測模組(DHT11)接腳表進行電路組裝。

圖 90 溫濕度感測模組(DHT11)腳位圖

表 49 溫濕度感測模組(DHT11)接腳表

接腳	接腳說明	ESP32S 開發板接腳
1	Vcc	電源 (+5V) ESP32S +5V
2	GND	ESP32S GND
3	Signal	ESP32S digital pin 15

資料來源：ESP32程式設計(基礎篇):ESP32 IOT Programming (Basic Concept & Tricks)(曹永忠, 2020a, 2020b; 曹永忠 et al., 2015f)

我們遵照前幾章所述，將 ESP 32 開發板的驅動程式安裝好之後，我們打開 ESP 32 開發板的開發工具：Sketch IDE 整合開發軟體(安裝 Arduino 開發環境，請參考『ESP32 程式設計(基礎篇):ESP32 IOT Programming (Basic Concept & Tricks)』之『Arduino 開發 IDE 安裝』(曹永忠, 2020a, 2020b, 2020f)，安裝 ESP 32 開發板 SDK 請參考『ESP32 程式設計(基礎篇):ESP32 IOT Programming (Basic Concept & Tricks)』之『安

裝 ESP32 Arduino 整合開發環境』(曹永忠, 2020a, 2020b, 2020c, 2020e))，編寫一段程式，如下表所示之溫濕度感測模組(DHT11)測試程式，我們就可以透過溫濕度感測模組(DHT11)來偵測任何溫度與濕度。

表 50 溫濕度感測模組測試程式

溫濕度感測模組測試程式(DHT11_ESP32)

```
#include "DHTesp.h"
#include "Ticker.h"

#ifndef ESP32
#pragma message(THIS EXAMPLE IS FOR ESP32 ONLY!)
#error Select ESP32 board.
#endif

/************************************************************/
/* Example how to read DHT sensors from an ESP32 using multi- */
/* tasking.                                                 */
/* This example depends on the ESP32Ticker library to wake up */
/* the task every 20 seconds                                */
/* Please install Ticker-esp32 library first                */
/* bertmelis/Ticker-esp32                                   */
/* https://github.com/bertmelis/Ticker-esp32                */
/************************************************************/

DHTesp dht;

void tempTask(void *pvParameters);
bool getTemperature();
void triggerGetTemp();

/** Task handle for the light value read task */
TaskHandle_t tempTaskHandle = NULL;
/** Ticker for temperature reading */
Ticker tempTicker;
/** Comfort profile */
ComfortState cf;
```

```
/** Flag if task should run */
bool tasksEnabled = false;
/** Pin number for DHT11 data pin */
int dhtPin = 4;

/**
 * initTemp
 * Setup DHT library
 * Setup task and timer for repeated measurement
 * @return bool
 *      true if task and timer are started
 *      false if task or timer couldn't be started
 */
bool initTemp() {
    byte resultValue = 0;
    // Initialize temperature sensor
        dht.setup(dhtPin, DHTesp::DHT11);
        Serial.println("DHT initiated");

    // Start task to get temperature
        xTaskCreatePinnedToCore(
                tempTask,                       /* Function to implement the
task */
                "tempTask ",                    /* Name of the task */
                4000,                           /* Stack size in words */
                NULL,                           /* Task input parameter */
                5,                              /* Priority of the task */
                &tempTaskHandle,                /* Task handle. */
                1);                             /* Core where the task should
run */

    if (tempTaskHandle == NULL) {
        Serial.println("Failed to start task for temperature update");
        return false;
    } else {
        // Start update of environment data every 20 seconds
        tempTicker.attach(20, triggerGetTemp);
    }
```

```
    return true;
}


/**
 * triggerGetTemp
 * Sets flag dhtUpdated to true for handling in loop()
 * called by Ticker getTempTimer
 */
void triggerGetTemp() {
  if (tempTaskHandle != NULL) {
        xTaskResumeFromISR(tempTaskHandle);
  }
}


/**
 * Task to reads temperature from DHT11 sensor
 * @param pvParameters
 *      pointer to task parameters
 */
void tempTask(void *pvParameters) {
    Serial.println("tempTask loop started");
    while (1) // tempTask loop
  {
    if (tasksEnabled) {
      // Get temperature values
            getTemperature();
        }
    // Got sleep again
        vTaskSuspend(NULL);
    }
}


/**
 * getTemperature
 * Reads temperature from DHT11 sensor
 * @return bool
 *      true if temperature could be aquired
 *      false if aquisition failed
```

```
*/
bool getTemperature() {
    // Reading temperature for humidity takes about 250 milliseconds!
    // Sensor readings may also be up to 2 seconds 'old' (it's a very slow sensor)
    TempAndHumidity newValues = dht.getTempAndHumidity();
    // Check if any reads failed and exit early (to try again).
    if (dht.getStatus() != 0) {
        Serial.println("DHT11 error status: " + String(dht.getStatusString()));
        return false;
    }

    float heatIndex = dht.computeHeatIndex(newValues.temperature, newValues.humidity);
    float dewPoint = dht.computeDewPoint(newValues.temperature, newValues.humidity);
    float cr = dht.getComfortRatio(cf, newValues.temperature, newValues.humidity);

    String comfortStatus;
    switch(cf) {
        case Comfort_OK:
            comfortStatus = "Comfort_OK";
            break;
        case Comfort_TooHot:
            comfortStatus = "Comfort_TooHot";
            break;
        case Comfort_TooCold:
            comfortStatus = "Comfort_TooCold";
            break;
        case Comfort_TooDry:
            comfortStatus = "Comfort_TooDry";
            break;
        case Comfort_TooHumid:
            comfortStatus = "Comfort_TooHumid";
            break;
        case Comfort_HotAndHumid:
            comfortStatus = "Comfort_HotAndHumid";
            break;
        case Comfort_HotAndDry:
```

```
        comfortStatus = "Comfort_HotAndDry";
        break;
      case Comfort_ColdAndHumid:
        comfortStatus = "Comfort_ColdAndHumid";
        break;
      case Comfort_ColdAndDry:
        comfortStatus = "Comfort_ColdAndDry";
        break;
      default:
        comfortStatus = "Unknown:";
        break;
  };

  Serial.println(" T:" + String(newValues.temperature) + " H:" + String(newValues.hu-
midity) + " I:" + String(heatIndex) + " D:" + String(dewPoint) + " " + comfortStatus);
      return true;
}

void setup()
{
  Serial.begin(115200);
  Serial.println();
  Serial.println("DHT ESP32 example with tasks");
  initTemp();
  // Signal end of setup() to tasks
  tasksEnabled = true;
}

void loop() {
  if (!tasksEnabled) {
    // Wait 2 seconds to let system settle down
    delay(2000);
    // Enable task that will read values from the DHT sensor
    tasksEnabled = true;
    if (tempTaskHandle != NULL) {
            vTaskResume(tempTaskHandle);
        }
    }
```

```
  yield();
}
```

　　當然、如下圖所示，我們可以看到溫濕度感測模組測試程式結果畫面。

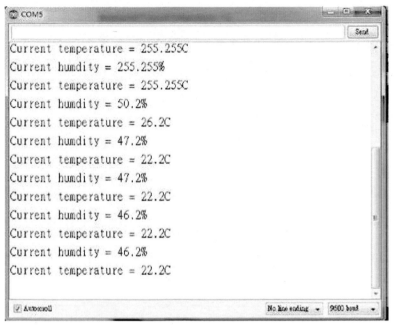

圖 91 溫濕度感測模組測試程式結果畫面

人體觸摸感測模組

　　如果我們要製作人體觸摸感測模組，最重要的零件是人體觸摸感測器，如下圖所示，所以本節介紹人體觸摸感測模組，它主要是使用人體觸摸感測 MPSA13 IC 作成人體觸摸感測模組。

圖 92 人體觸摸感測模組

　　本實驗是採用人體觸摸感測模組，如下圖所示，由於人體觸摸感測 MPSA13 IC
需要搭配基本量測電路，所以我們使用人體觸摸感測模組來當實驗主體，並不另外
組立基本量測電路。

　　如下圖所示，先參考人體觸摸感測模組的腳位接法，在遵照如下表所示之人體
觸摸感測模組接腳表進行電路組裝。

圖 93 人體觸摸感測模組腳位圖

表 51 人體觸摸感測模組接腳表

接腳	接腳說明	ESP32S 開發板接腳
1	Vcc	電源 (+5V) ESP32S +5V
2	GND	ESP32S GND
3	Signal	ESP32S GPIO 15
1	Led +	ESP32S GPIO 4
2	Led -	ESP32S GND

接腳	接腳說明	ESP32S 開發板接腳
	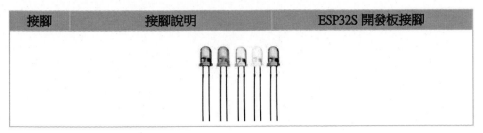	

資料來源：ESP32 程式設計(基礎篇):ESP32 IOT Programming (Basic Concept & Tricks)(曹永忠, 2020a, 2020b; 曹永忠 et al., 2015f)

我們遵照前幾章所述，將 ESP 32 開發板的驅動程式安裝好之後，我們打開 ESP 32 開發板的開發工具：Sketch IDE 整合開發軟體(安裝 Arduino 開發環境，請參考 『ESP32 程式設計(基礎篇):ESP32 IOT Programming (Basic Concept & Tricks)』之『Arduino 開發 IDE 安裝』(曹永忠, 2020a, 2020b, 2020f)，安裝 ESP 32 開發板 SDK 請參考 『ESP32 程式設計(基礎篇):ESP32 IOT Programming (Basic Concept & Tricks)』之『安裝 ESP32 Arduino 整合開發環境』(曹永忠, 2020a, 2020b, 2020c, 2020e))，編寫一段程式，如下表所示之人體觸摸感測模組測試程式，我們就可以透過人體觸摸感測模組來偵測人類觸摸的動作。

表 52 人體觸摸感測模組測試程式

人體觸摸感測模組測試程式(Touch_sensor)

```
#define DPin 15
#define LedPin 13


   int val = 0 ;
  int oldval =-1   ;
void setup()
{
pinMode(LedPin,OUTPUT);//設置數位 IO 腳模式，OUTPUT 為 Output
  pinMode(DPin,INPUT);//定義 digital 為輸入介面
```

```
    Serial.begin(115200);//設定串列傳輸速率為 115200
}
void loop() {
    val=digitalRead(DPin);
     Serial.print(oldval);
     Serial.print("/");
     Serial.print(val);
     Serial.print("\n");

    if (val ==1)
    {
            if (val != oldval)
              {
                    digitalWrite(LedPin,HIGH)    ;
                     oldval= val ;
              }
    }
    else
    {
            if (val != oldval)
              {
                 digitalWrite(LedPin,LOW)    ;
                  oldval= val ;
              }
    }
}
```

　　讀者可以在網址

https://www.youtube.com/watch?v=77RMWyeus34&feature=youtu.be，看到本次實驗-人
體觸摸感測模組測試程式結果畫面。

　　如下圖所示，我們可以看到人體觸摸感測模組測試程式結果畫面。

圖 94 人體觸摸感測模組測試程式結果畫面

人體紅外線感測器(PIR Sensor)

如果我們要偵測生物是否靠近，最簡單的東西就是人體紅外線感測器(PIR Sensor)，如下圖所示，所以本節介紹人體觸摸感測模組，它主要是使用人體觸摸感測 MPSA13 IC 作成人體觸摸感測模組。

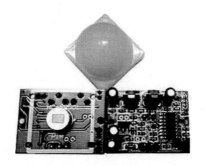

圖 95 人體紅外線感測器(PIR Sensor)

紅外線動作感測器(PIR Motion Sensor) (如圖 96 所示)，PIR 全名為 Pyro-electric Infrared Detector，主要用途做為人體紅外線偵測，因為 sensor 外殼有一片多層鍍膜可以阻絕大部分紅外線，只讓溫度接近 36.5 度的波長的紅外線通過，所以適合用來做為人體移動偵測；

圖 96 人體紅外線感測 IC

　　PIR 主要由是利用物體輻射出紅外線，當紅外線照射到材料上而產生電荷現象，所以取名 "焦電型 "、 "熱電型 "紅外線感測器。此人體紅外線感測器是以 TGG（三甘氨酸硫酸鹽或）PZT（汰酸系壓電材料）等強介質所作成的光感測器。電路符號如圖 97 所示。

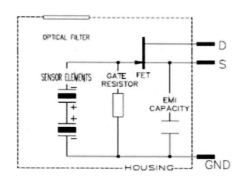

圖 97 紅外線動作感測器電路符號

　　圖 97 所示的 Sensor elements 可以接收所有波長的紅外線並產生電荷，意謂 sensor 對於所接受的紅外線波長並無選擇性，而解決這個問題的方法是在 Sensor elements 的接收路徑上加上一片濾光片，稱為 optical filter，PIR 能偵測人體，主要是 Optical Filter 對於穿透的波長具選擇性，因為人體的體溫在 36.5℃時會輻射出波長為 10um 的紅外線，而 Optical Filter 設計在波長 7~14um 有 70%以上的穿透率。

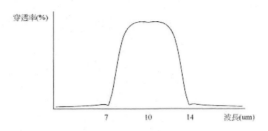

圖 98 紅外線人體感測器穿透力與波長圖

　　PIR 的 Elements 在電路上是呈現成對且極性相反的方式設計，在可視範圍內沒有熱體源移動時，兩組 Element 幾乎沒有感應到紅外線，基本產生的微弱電荷會因為極性的關係互相低消；當熱體源開始進入 PIR 的可視範圍內，一定有一組 Element 會先累積電荷，造成平衡電壓被破壞進而有電壓輸出，熱體源在可視範圍內但保持不動時，Element 亦會感應到而累積一定量的電荷，但因兩組 Element 皆感應相同的熱量，所以累積的電荷亦相同，此時 sensor 繼續保持平衡狀態。

　　本實驗是採用人體紅外線感測器(PIR Sensor)，如圖 95 所示，由於人體觸摸感測 MPSA13 IC 需要搭配基本量測電路，所以我們使用人體觸摸感測模組來當實驗主體，並不另外組立基本量測電路。

　　如圖 93 所示，先參考人體紅外線感測器(PIR Sensor)腳位接法，在遵照表 53 之人體觸摸感測模組接腳表進行電路組裝。

圖 99 人體紅外線感測器(PIR Sensor)接腳圖

表 53 人體紅外線感測器(PIR Sensor)接腳表

接腳	接腳說明	ESP32S 開發板接腳
1	Vcc	電源 (+5V) ESP32S +5V
2	GND	ESP32S GND
3	Signal	ESP32S GPIO 15
1	Led +	ESP32S GPIO 2
2	Led -	ESP32S GND

資料來源：ESP32 程式設計(基礎篇):ESP32 IOT Programming (Basic Concept & Tricks)(曹永忠, 2020a, 2020b; 曹永忠 et al., 2015f)

我們遵照前幾章所述，將 ESP 32 開發板的驅動程式安裝好之後，我們打開 ESP 32 開發板的開發工具：Sketch IDE 整合開發軟體(安裝 Arduino 開發環境，請參考

『ESP32 程式設計(基礎篇):ESP32 IOT Programming (Basic Concept & Tricks)』之『Arduino 開發 IDE 安裝』(曹永忠, 2020a, 2020b, 2020f)，安裝 ESP 32 開發板 SDK 請參考『ESP32 程式設計(基礎篇):ESP32 IOT Programming (Basic Concept & Tricks)』之『安裝 ESP32 Arduino 整合開發環境』(曹永忠, 2020a, 2020b, 2020c, 2020e))，編寫一段程式，如下表所示之人體紅外線感測器(PIR Sensor)測試程式，我們就可以透過人體紅外線感測模組來偵測人類靠近的動作。

表 54 人體紅外線感測器(PIR Sensor)測試程式

人體紅外線感測器(PIR_Sensor)測試程式

```
#define DPin 15
#define LedPin 4

  int val = 0 ;
 int oldval =-1   ;
void setup()
{
pinMode(LedPin,OUTPUT);//設置數位 IO 腳模式，OUTPUT 為 Output
 pinMode(DPin,INPUT);//定義 digital 為輸入介面
 //pinMode(APin,INPUT);//定義為類比輸入介面


  Serial.begin(9600);//設定串列傳輸速率為 9600}
}
void loop() {

  val=digitalRead(DPin);
  Serial.print(oldval);
  Serial.print("/");
  Serial.print(val);
  Serial.print("\n");

  if (val ==1)
  {
          if (val != oldval)
```

```
            {
                    digitalWrite(LedPin,HIGH)   ;
                        oldval= val ;
            }
    }
    else
    {
            if (val != oldval)
            {
                    digitalWrite(LedPin,LOW)   ;
                    delay(2000);
                        oldval= val ;
            }
        }
}
```

程式下載：https://github.com/brucetsao/ESP_37_Modules

讀者可以看到本次實驗-人體紅外線感測器(PIR Sensor)測試程式結果畫面。

如下圖所示，我們可以看到人體紅外線感測器(PIR Sensor)測試程式結果畫面。

圖 100 人體紅外線感測器(PIR Sensor)測試程式結果畫面

XY 搖桿模組

如果我們同時控制兩個方向的東西，如遊戲時使用搖桿一般，我們需要一個搖桿才能達到我們的要求。如下圖所示，本節介紹 XY 搖桿模組，它主要是使用兩個可變電組作成 XY 搖桿模組。

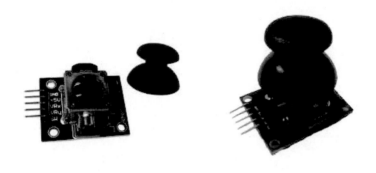

圖 101 XY 搖桿模組

本實驗是採用 XY 搖桿模組，如下圖所示，由於 XY 搖桿模組主要零件是可變電阻器(如下圖所示)，如果自己組立 XY 搖桿模組，需要搭配基本量測電路，所以我們使用 XY 搖桿模組來當實驗主體，並不另外組立基本量測電路。

圖 102 可變電阻器

如下圖所示，先參考 XY 搖桿模組腳位接法，在遵照如下表所示之 XY 搖桿模組接腳表進行電路組裝。

圖 103 XY 搖桿模組腳位圖

表 55 XY 搖桿模組接腳表

接腳	接腳說明	ESP32S 開發板接腳
1	Vcc	電源 (+5V) ESP32S +5V
2	GND	ESP32S GND
3	SignalX	ESP32S GPIO 4(ADC 10)
4	SignalY	ESP32S GPIO 15(ADC 13)
5	SignalZ	ESP32S digital pin 0
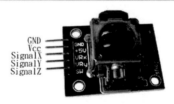		
Led1	Led1 +	ESP32S GPIO 13
Led1	Led1 -	ESP32S GND
Led2	Led2 +	ESP32S GPIO 12
Led2	Led2 -	ESP32S GND

接腳	接腳說明	ESP32S 開發板接腳

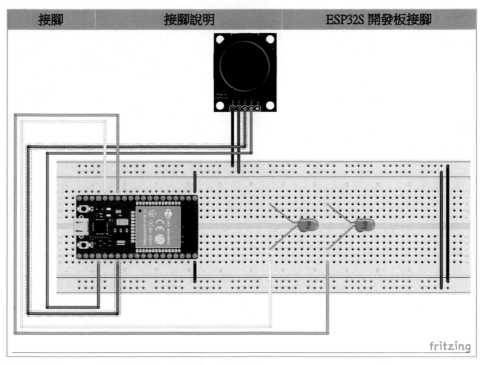

資料來源：ESP32 程式設計(基礎篇):ESP32 IOT Programming (Basic Concept & Tricks)(曹永忠, 2020a, 2020b; 曹永忠 et al., 2015f)

　　我們遵照前幾章所述，將 ESP 32 開發板的驅動程式安裝好之後，我們打開 ESP 32 開發板的開發工具：Sketch IDE 整合開發軟體(安裝 Arduino 開發環境，請參考『ESP32 程式設計(基礎篇):ESP32 IOT Programming (Basic Concept & Tricks)』之『Arduino 開發 IDE 安裝』(曹永忠, 2020a, 2020b, 2020f)，安裝 ESP 32 開發板 SDK 請參考『ESP32 程式設計(基礎篇):ESP32 IOT Programming (Basic Concept & Tricks)』之『安裝 ESP32 Arduino 整合開發環境』(曹永忠, 2020a, 2020b, 2020c, 2020e))，編寫一段程式，如下表所示之 XY 搖桿模組測試程式，我們就可以透過 XY 搖桿模組來取得 XY 兩軸的值。

表 56XY 搖桿模組測試程式

XY 搖桿模組測試程式(XYJoystick)

```cpp
#include <ESP32S.h>
#include <analogWrite.h>

#define ZPin 0
#define LedPin1 13
#define LedPin2 12
#define XPin A10
#define YPin A13

    int val1 = 0 ;
    int val2 = 0 ;
    int val3 = 0 ;
void setup()
{
pinMode(LedPin1,OUTPUT);//設置數位 IO 腳模式，OUTPUT 為 Output
pinMode(LedPin2,OUTPUT);//設置數位 IO 腳模式，OUTPUT 為 Output
 pinMode(ZPin,INPUT);//定義 digital 為輸入介面
 //pinMode(XPin,INPUT);//定義為類比輸入介面
// pinMode(YPin,INPUT);//定義為類比輸入介面



   Serial.begin(115200);//設定串列傳輸速率為 115200
}
void loop()
{
    val1=analogRead(XPin);
    val2=analogRead(YPin);
    val3=digitalRead(ZPin);
     Serial.print(val1);
     Serial.print("/");
     Serial.print(val2);
     Serial.print("/");
     Serial.print(val3);
     Serial.print("\n");

       //-------------
       analogWrite(LedPin1,map(val1,0,1023,0,255)) ;
```

```
        analogWrite(LedPin2,map(val2,0,1023,0,255)) ;
        delay(10);
}
```

程式下載：https://github.com/brucetsao/ESP_37_Modules

讀者可以看到本次實驗-XY 搖桿模組測試程式結果畫面。

如下圖所示，我們可以看到 XY 搖桿模組測試程式結果畫面。

圖 104 XY 搖桿模組測試程式結果畫面

章節小結

本章主要介紹如何使用常用模組中較深入、進階的介紹，透過 ESP32S 開發板
來作進階實驗。

CHAPTER

高階模組

本章要介紹 37 件 ESP32S 常用模組更深入之高階的感測模組，讓讀者可以輕鬆學會這些高階模組的使用方法，進而提升各位 Maker 的實力。

旋轉編碼器模組

旋轉編碼器（rotary encoder）可將旋轉位置或旋轉量轉變成訊號（類比或數位），透過某種方式（機械、光學、磁力等），得知轉軸轉動了，發出訊號通知我們。可分為絕對型（absolute）及增量型（incremental）或稱為相對型（relative），絕對型將轉軸的不同位置一一編號，然後根據目前位置輸出編號；增量型編碼器則是當轉軸旋轉時輸出變化，轉軸不動就沒有輸出。

旋轉編碼器可通過旋鈕旋轉，轉動過程中輸出脈沖(Pulse)的次數，旋轉圈數是沒有限制的，不像可變電阻會有圈數限制。配合旋轉編碼器模組上的按鍵，可以回覆到初始狀態，即從 0 重新計數。

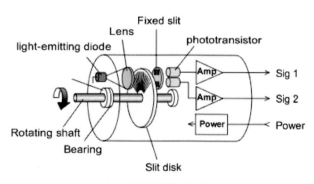

圖 105 光電編碼器機構圖

資料來源：http://domoticx.com/arduino-rotary-encoder-keyes-ky-040/，

https://tkkrlab.nl/wiki/Arduino_KY-040_Rotary_encoder_module

光電編碼器,是一種通過光電轉換將輸出軸上的機械幾何位移量轉換成脈衝或數位量的感測器。這是目前應用最多的感測器,光電編碼器是由光柵盤和光電檢測裝置組成。光柵盤是在一定直徑的圓板上等分地開通若干個長方形孔。由於光電碼盤與電動機同軸,電動機旋轉時,光柵盤與電動機同速旋轉,經發光二極體等電子元件組成的檢測裝置檢測輸出若干脈衝信號,如下圖所示,其原理示意圖;通過計算每秒光電編碼器輸出脈衝的個數就能反映當前電動機的轉速。此外,為判斷旋轉方向,碼盤還可提供相位相差 90 度 的兩路脈衝信號。

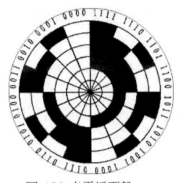

圖 106 光電編碼盤

　　對於旋轉編碼器,我們有兩個彼此相位相差 90 度的方波輸出(A 和 B)。每轉產生的脈衝或步數可以變化。例如,Sparkfun 旋轉編碼器有 12 個步長,但其他步長或多或少。下圖顯示了當順時針旋轉編碼器時,相位 A 和 B 相互之間的關係,反之亦然。

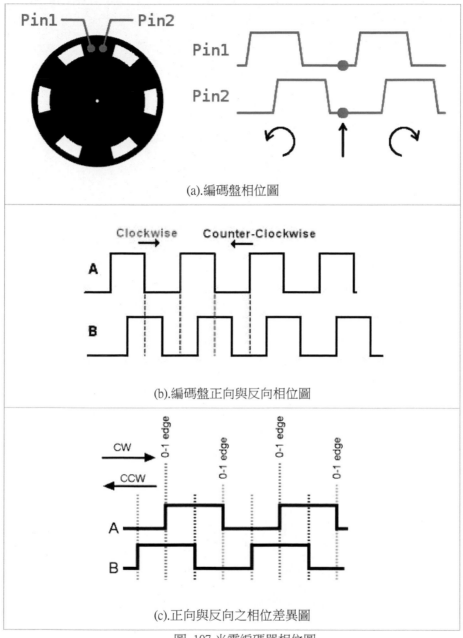

(a).編碼盤相位圖

(b).編碼盤正向與反向相位圖

(c).正向與反向之相位差異圖

圖 107 光電編碼器相位圖

資料來源：http://domoticx.com/arduino-rotary-encoder-keyes-ky-040/，

https://tkkrlab.nl/wiki/Arduino_KY-040_Rotary_encoder_module

如果我們要偵測旋轉方向，最重要的零件是旋轉編碼器模組，如下圖所示，本節介紹旋轉編碼器模組，它主要是使用光電編碼盤(如上圖所示)作成旋轉編碼器模組。

圖 108 旋轉編碼器模組

本實驗是採用旋轉編碼器模組，如下圖所示，由於光電編碼盤(如上上圖所示)需要搭配基本量測電路，所以我們使用旋轉編碼器模組來當實驗主體，並不另外組立基本量測電路。

如下圖所示，先參旋轉編碼器模組的腳位接法，在遵照如下表所示之旋轉編碼器模組接腳表進行電路組裝。

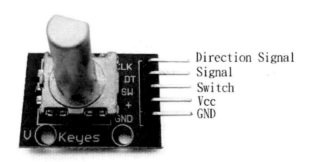

圖 109 旋轉編碼器模組腳位圖

表 57 旋轉編碼器模組接腳表

接腳	接腳說明	ESP32S 開發板接腳
1	Vcc	電源 (+5V) ESP32S +5V

接腳	接腳說明	ESP32S 開發板接腳
2	GND	ESP32S GND
3	Switch	ESP32S GPIO 25
4	Signal	ESP32S GPIO 21
5	Direction Signal(CLK)	ESP32S GPIO 32

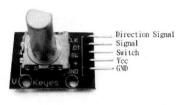

資料來源：ESP32 程式設計(基礎篇):ESP32 IOT Programming (Basic Concept & Tricks)(曹永忠, 2020a, 2020b; 曹永忠 et al., 2015f)

我們遵照前幾章所述，將 ESP 32 開發板的驅動程式安裝好之後，我們打開 ESP 32 開發板的開發工具：Sketch IDE 整合開發軟體(安裝 Arduino 開發環境，請參考『ESP32 程式設計(基礎篇):ESP32 IOT Programming (Basic Concept & Tricks)』之『Arduino 開發 IDE 安裝』(曹永忠, 2020a, 2020b, 2020f)，安裝 ESP 32 開發板 SDK 請參考『ESP32 程式設計(基礎篇):ESP32 IOT Programming (Basic Concept & Tricks)』之『安裝 ESP32 Arduino 整合開發環境』(曹永忠, 2020a, 2020b, 2020c, 2020e))，編寫一段程式，如表 58 所示之旋轉編碼器模組測試程式，我們就可以透過旋轉編碼器模組來偵測任何旋轉的動作。

表 58 旋轉編碼器模組測試程式

旋轉編碼器模組測試程式(Esp32RotaryEncoderBasics)
#include "AiEsp32RotaryEncoder.h" #include "Arduino.h" /* connecting Rotary encoder CLK (A pin) - to any microcontroler intput pin with interrupt -> in this example pin 32

```
DT (B pin) - to any microcontroler intput pin with interrupt -> in this example pin 21
SW (button pin) - to any microcontroler intput pin -> in this example pin 25
VCC - to microcontroler VCC (then set ROTARY_ENCODER_VCC_PIN -1) or in this
example pin 25
GND - to microcontroler GND
*/
#define ROTARY_ENCODER_A_PIN 32    //CLK (A pin)
#define ROTARY_ENCODER_B_PIN 21     //DT (B pin)
#define ROTARY_ENCODER_BUTTON_PIN 25    //SW (button pin)
#define ROTARY_ENCODER_VCC_PIN 27 /*put -1 of Rotary encoder Vcc is con-
nected directly to 3,3V; else you can use declared output pin for powering rotary encoder
*/


AiEsp32RotaryEncoder rotaryEncoder = AiEsp32RotaryEn-
coder(ROTARY_ENCODER_A_PIN, ROTARY_ENCODER_B_PIN,
ROTARY_ENCODER_BUTTON_PIN, ROTARY_ENCODER_VCC_PIN);

int test_limits = 2;

void rotary_onButtonClick() {
  //rotaryEncoder.reset();
  //rotaryEncoder.disable();
  rotaryEncoder.setBoundaries(-test_limits, test_limits, false);
  test_limits *= 2;
}

void rotary_loop() {
  //first lets handle rotary encoder button click
  if (rotaryEncoder.currentButtonState() == BUT_RELEASED) {
    //we can process it here or call separate function like:
    rotary_onButtonClick();
  }

  //lets see if anything changed
  int16_t encoderDelta = rotaryEncoder.encoderChanged();

  //optionally we can ignore whenever there is no change
  if (encoderDelta == 0) return;
```

```
//for some cases we only want to know if value is increased or decreased (typically for
menu items)
    if (encoderDelta>0) Serial.print("+");
    if (encoderDelta<0) Serial.print("-");

//for other cases we want to know what is current value. Additionally often we only
want if something changed
    //example: when using rotary encoder to set termostat temperature, or sound volume
etc

    //if value is changed compared to our last read
    if (encoderDelta!=0) {
        //now we need current value
        int16_t encoderValue = rotaryEncoder.readEncoder();
        //process new value. Here is simple output.
        Serial.print("Value: ");
        Serial.println(encoderValue);
    }

}

void setup() {

    Serial.begin(9600);
    Serial.println("Start Program") ;
    //we must initialize rorary encoder
    rotaryEncoder.begin();
    rotaryEncoder.setup([]{rotaryEncoder.readEncoder_ISR();});
    //optionally we can set boundaries and if values should cycle or not
    rotaryEncoder.setBoundaries(0, 10, true); //minValue, maxValue, cycle values (when
max go to min and vice versa)
}

void loop() {
    //in loop call your custom function which will process rotary encoder values
    rotary_loop();
```

```
    delay(50);
    if (millis()>20000) rotaryEncoder.enable ();
}
```

參考資料：葉難 Blog(http://yehnan.blogspot.tw/2014/02/ESP32S.html)

程式下載：https://github.com/brucetsao/ESP_37_Modules

讀者可以看到本次實驗-旋轉編碼器模組測試程式結果畫面。如下圖所示，我們可以看到旋轉編碼器模組測試程式結果畫面。

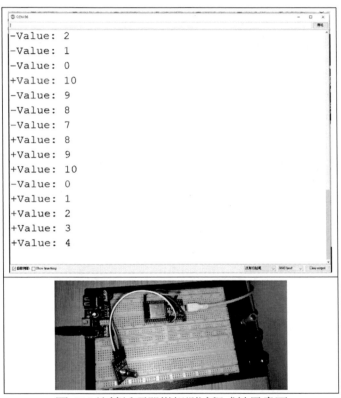

圖 110 旋轉編碼器模組測試程式結果畫面

紅外線避障感測器模組

有時後我們想要偵測前方是否有物品阻礙，可以使用的方法很多，如下圖所示，所以本節介紹紅外線避障感測器模組。

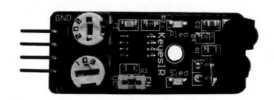

圖 111 紅外線避障感測器模組

本實驗是採用紅外線避障感測器模組，如下圖所示，由於紅外線避障感測器模組測試程式需要搭配基本量測電路，所以我們使用紅外線避障感測器模組來當實驗主體，並不另外組立基本量測電路。

如下圖所示，先參考紅外線避障感測器模組腳位接法，在遵照如下表所示之紅外線避障感測器模組接腳表進行電路組裝。

圖 112 紅外線避障感測器模組腳位圖

表 59 紅外線避障感測器模組接腳表

接腳	接腳說明	ESP32S 開發板接腳
1	Vcc	電源 (+5V) ESP32S +5V
2	GND	ESP32S GND
3	Signal	ESP32S GPIO 15

接腳	接腳說明	ESP32S 開發板接腳
4	Enable	沒用到

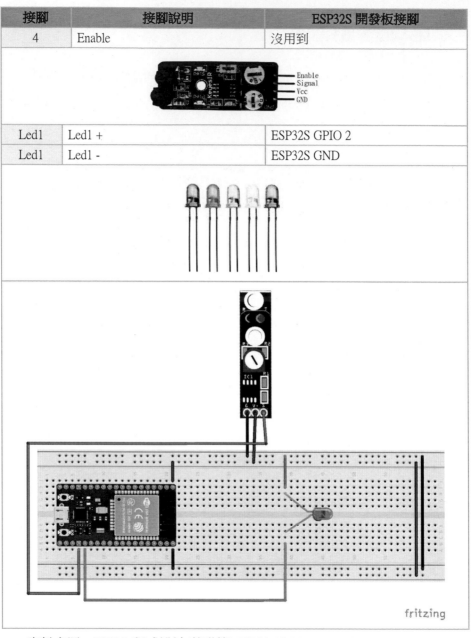

| Led1 | Led1 + | ESP32S GPIO 2 |
| Led1 | Led1 - | ESP32S GND |

資料來源：ESP32 程式設計(基礎篇):ESP32 IOT Programming (Basic Concept & Tricks)(曹永忠, 2020a, 2020b; 曹永忠 et al., 2015f)

我們遵照前幾章所述，將 ESP 32 開發板的驅動程式安裝好之後，我們打開 ESP

32 開發板的開發工具：Sketch IDE 整合開發軟體(安裝 Arduino 開發環境，請參考『ESP32 程式設計(基礎篇):ESP32 IOT Programming (Basic Concept & Tricks)』之『Arduino 開發 IDE 安裝』(曹永忠, 2020a, 2020b, 2020f)，安裝 ESP 32 開發板 SDK 請參考『ESP32 程式設計(基礎篇):ESP32 IOT Programming (Basic Concept & Tricks)』之『安裝 ESP32 Arduino 整合開發環境』(曹永忠, 2020a, 2020b, 2020c, 2020e))，編寫一段程式，如下表所示之紅外線避障感測器模組測試程式，我們就可以透過紅外線避障感測器模組來偵測任前方阻礙的情形。

表 60 紅外線避障感測器模組測試程式

紅外線避障感測器模組測試程式(Block_sensor)

```
#define DPin 15
#define LedPin 2



    int val = 0 ;
   int oldval =-1   ;
void setup()
{
pinMode(LedPin,OUTPUT);//設置數位 IO 腳模式，OUTPUT 為 Output
 pinMode(DPin,INPUT);//定義 digital 為輸入介面
 digitalWrite(DPin,LOW) ;
   Serial.begin(9600);//設定串列傳輸速率為 9600
}
void loop() {

   val=digitalRead(DPin);
    Serial.print(oldval);
    Serial.print("/");
    Serial.print(val);
    Serial.print("\n");

   if (val ==0)
   {
           if (val != oldval)
```

```
            {
                digitalWrite(LedPin,HIGH)   ;
                  delay(2000);
                 oldval= val ;
             }
     }
  else
  {
        if (val != oldval)
        {
             digitalWrite(LedPin,LOW)   ;
              oldval= val ;
        }
     }

}
```

程式下載：https://github.com/brucetsao/ESP_37_Modules

讀者可以看到本次實驗-紅外線避障感測器模組測試程式結果畫面。

如下圖所示，我們可以看到紅外線避障感測器模組測試程式結果畫面。

圖 113 紅外線避障感測器模組測試程式結果畫面

尋跡感測模組

尋跡感測模組（Black/White Line Dectector）是在自走車裡面，常常用來偵測地面上的黑線，透過黑線的黑白邊界的色差，尋找邊界的存在與否。

如果我們要黑線的黑白邊界，最重要的零件是尋跡感測模組（Black/White Line Dectector），如下圖所示，所以本節介紹尋尋跡感測模組（Black/White Line Dectector），如下下圖所示，它主要是使用紅外線發光二極體發射器與接收器作成尋跡感測模組（Black/White Line Dectector）。

圖 114 尋跡感測模組（Black/White Line Dectector）

如上圖所示，本實驗是採用旋轉編碼器模組，由於紅外線發光二極體發射器與接收器需要搭配基本量測電路，基本上採用如下圖所示之零件組成的電路模組，所以我們使用尋跡感測模組（Black/White Line Dectector）來當實驗主體，並不另外組立基本量測電路。

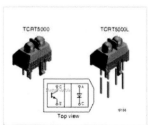

圖 115 紅外線發光二極體發射器與接收器(TCRT5000)

如下圖所示，先參考尋跡感測模組（Black/White Line Dectector）腳位接法，在遵照如下表所示之旋轉編碼器模組接腳表進行電路組裝。

圖 116 尋跡感測模組（Black/White Line Dectector）腳位圖

表 61 尋跡感測模組（Black/White Line Dectector）接腳表

接腳	接腳說明	ESP32S 開發板接腳
1	Vcc	電源（+5V）ESP32S +5V
2	GND	ESP32S GND
3	Signal	ESP32S GPIO 15

| 1 | Led + | ESP32S GPIO 2 |
| 2 | Led - | ESP32S GND |

接腳	接腳說明	ESP32S 開發板接腳

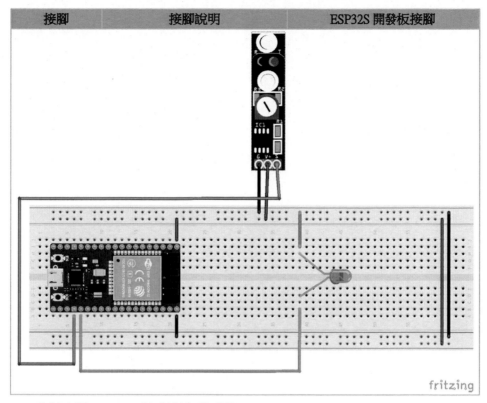

資料來源：ESP32 程式設計(基礎篇):ESP32 IOT Programming (Basic Concept & Tricks)(曹永忠, 2020a, 2020b; 曹永忠 et al., 2015f)

　　我們遵照前幾章所述，將 ESP 32 開發板的驅動程式安裝好之後，我們打開 ESP 32 開發板的開發工具：Sketch IDE 整合開發軟體(安裝 Arduino 開發環境，請參考『ESP32 程式設計(基礎篇):ESP32 IOT Programming (Basic Concept & Tricks)』之『Arduino 開發 IDE 安裝』(曹永忠, 2020a, 2020b, 2020f)，安裝 ESP 32 開發板 SDK 請參考『ESP32 程式設計(基礎篇):ESP32 IOT Programming (Basic Concept & Tricks)』之『安裝 ESP32 Arduino 整合開發環境』(曹永忠, 2020a, 2020b, 2020c, 2020e))，編寫一段程式，如下表所示之尋跡感測模組（Black/White Line Dectector）測試程式，我們就可以透過尋跡感測模組（Black/White Line Dectector）來偵測任何黑線邊緣。

表 62 尋跡感測模組（Black/White Line Dectector）測試程式

尋跡感測模組（Black/White Line Dectector）試程式(Line_sensor)

```
#define DPin 15
#define LedPin 2


   int val = 0 ;
  int oldval =-1   ;
void setup()
{
pinMode(LedPin,OUTPUT);//設置數位 IO 腳模式，OUTPUT 為 Output
 pinMode(DPin,INPUT);//定義 digital 為輸入介面


   Serial.begin(115200);//設定串列傳輸速率為 115200

}
void loop() {

    val=digitalRead(DPin);
     Serial.print(oldval);
     Serial.print("/");
     Serial.print(val);
     Serial.print("\n");

     if (val ==0)
     {
            if (val != oldval)
              {
                     digitalWrite(LedPin,HIGH)   ;
                       delay(2000);
                     oldval= val ;
              }
     }
     else
     {
            if (val != oldval)
              {
```

```
                digitalWrite(LedPin,LOW)  ;
                oldval= val ;
            }
        }
}
```

程式下載：https://github.com/brucetsao/ESP_37_Modules

讀者可以看到本次實驗-尋跡感測模組（Black/White Line Dectector）測試程式結果畫面。

如下圖所示，我們可以看到尋跡感測模組（Black/White Line Dectector）測試程式結果畫面。

圖 117 尋跡感測模組測試程式結果畫面

魔術光杯模組

利用水銀開關觸發，透過程式設計，我們就能看到類似於兩組裝滿光的杯子倒來倒去的效果了。如下圖所示，所以本節介紹魔術光杯模組，它主要是使用水銀開關、發光二極體作成魔術光杯模組。

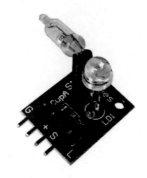

圖 118 魔術光杯模組

本實驗是採用魔術光杯模組，如下圖所示，由於水銀開關、發光二極體需要搭配基本量測電路，所以我們使用魔術光杯模組來當實驗主體，並不另外組立基本量測電路。

圖 119 魔術光杯使用零件

如下圖所示，先參考魔術光杯模組腳位接法，在遵照如下表所示之魔術光杯模組接腳表進行電路組裝。

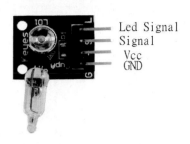

圖 120 魔術光杯模組腳位圖

表 63 魔術光杯模組接腳表

接腳	接腳說明	ESP32S 開發板接腳
第一組	Vcc	電源 (+5V) ESP32S +5V
	GND	ESP32S GND
	Signal	ESP32S GPIO15
	Led Signal	ESP32S GPIO 2
第二組	Vcc	電源 (+5V) ESP32S +5V
	GND	ESP32S GND
	Signal	ESP32S GPIO 13
	Led Signal	ESP32S GPIO 12

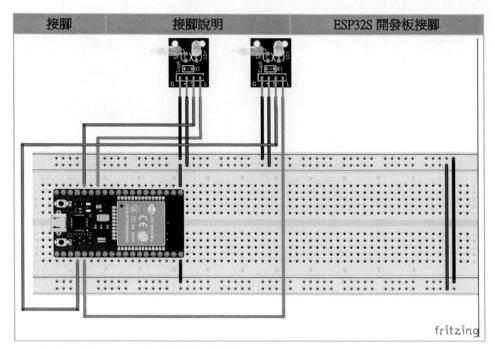

接腳	接腳說明	ESP32S 開發板接腳

資料來源：ESP32 程式設計(基礎篇):ESP32 IOT Programming (Basic Concept & Tricks)(曹永忠, 2020a, 2020b; 曹永忠 et al., 2015f)

我們遵照前幾章所述，將 ESP 32 開發板的驅動程式安裝好之後，我們打開 ESP 32 開發板的開發工具：Sketch IDE 整合開發軟體(安裝 Arduino 開發環境，請參考『ESP32 程式設計(基礎篇):ESP32 IOT Programming (Basic Concept & Tricks)』之『Arduino 開發 IDE 安裝』(曹永忠, 2020a, 2020b, 2020f)，安裝 ESP 32 開發板 SDK 請參考『ESP32 程式設計(基礎篇):ESP32 IOT Programming (Basic Concept & Tricks)』之『安裝 ESP32 Arduino 整合開發環境』(曹永忠, 2020a, 2020b, 2020c, 2020e))，編寫一段程式，如下表所示之魔術光杯模組測試程式，我們就可以透過魔術光杯模組來產生魔術光杯的效果。

表 64 魔術光杯模組測試程式

魔術光杯模組試程式(Light_Cups)

```
#include<Arduino.h>
#include<analogWrite.h>

int LedPinA = 2;
int LedPinB = 12;
int ButtonPinA = 15;
int ButtonPinB = 13;
int buttonStateA = 0;
int buttonStateB = 0;
int brightness = 0;

void setup()
{
pinMode(LedPinA, OUTPUT);
pinMode(LedPinB, OUTPUT);
pinMode(ButtonPinA, INPUT);
pinMode(ButtonPinB, INPUT);
}

void loop()
{
buttonStateA = digitalRead(ButtonPinA);
if (buttonStateA == HIGH && brightness != 255)
{
brightness ++;
}
buttonStateB = digitalRead(ButtonPinB);


if (buttonStateB == HIGH && brightness != 0)
{
brightness --;
}
analogWrite(LedPinA,brightness);
analogWrite(LedPinB,255-brightness);
}
```

程式下載：https://github.com/brucetsao/ESP_37_Modules

讀者可以看到本次實驗-魔術光杯模組測試程式結果畫面。

如下圖所示，我們可以看到魔術光杯模組測試程式結果畫面。

圖 121 魔術光杯模組測試程式結果畫面

紅外線發射接收模組

紅外線發射接收模組是在家電裡面，常常用來控制開關、選台、調節溫濕度....
等等。如下圖所示，所以本節介紹紅外線發射接收模組，它主要是使用紅外線發光
二極體發射器與接收器，作成紅外線發射接收模組。

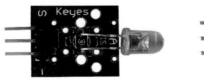　　　　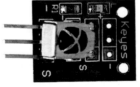

(a). 紅外線發射模組　　　　　　(b). 紅外線接收模組

圖 122 紅外線發射接收模組

本實驗是使用紅外線發光二極體發射器與接收器，如下圖所示，由於紅外線發
光二極體發射器與接收器，需要搭配基本量測電路，所以我們使用紅外線發射接收

模組來當實驗主體，並不另外組立基本量測電路。

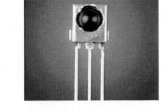

(a). 紅外線發射零件　　(b). 紅外線接收零件

圖 123 紅外線發射接收模組零件

　　如下圖、下下圖所示所示，先參考紅外線發射接收模組腳位接法，在遵照如下表所示之紅外線發射接收模組接腳表進行電路組裝。

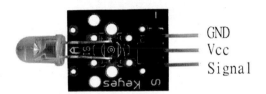

圖 124 紅外線發射模組腳位圖

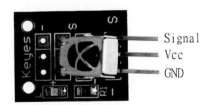

圖 125 紅外線接收模組腳位圖

表 65 紅外線發射接收模組接腳表

接腳	接腳說明	ESP32S 開發板接腳
1	Vcc	電源 (+5V) ESP32S +5V
2	GND	ESP32S GND
3	Signal	ESP32S digital pin 15

(a). 紅外線發射模組

1	Vcc	電源 (+5V) ESP32S +5V
2	GND	ESP32S GND
3	Signal	ESP32S digital pin 13

(b). 紅外線接收模組

1	Led +	ESP32S GPIO 2
2	Led -	ESP32S GND

我們遵照前幾章所述，將 ESP 32 開發板的驅動程式安裝好之後，我們打開 ESP 32 開發板的開發工具：Sketch IDE 整合開發軟體(安裝 Arduino 開發環境，請參考 『ESP32 程式設計(基礎篇):ESP32 IOT Programming (Basic Concept & Tricks)』之『Arduino 開發 IDE 安裝』(曹永忠, 2020a, 2020b, 2020f)，安裝 ESP 32 開發板 SDK 請參考 『ESP32 程式設計(基礎篇):ESP32 IOT Programming (Basic Concept & Tricks)』之『安

裝 ESP32 Arduino 整合開發環境』(曹永忠, 2020a, 2020b, 2020c, 2020e))，編寫一段程式，如下表所示之紅外線發射模組測試程式、如表 67 所示之紅外線接收模組測試程式，我們就可以透過紅外線發射接收模組來測試紅外線發射與接收。

表 66 紅外線發射模組測試程式

紅外線發射模組測試程式（IRsendDemo）

```
/*
 * IRremote: IRsendDemo - demonstrates sending IR codes with IRsend
 * An IR LED must be connected to ESP32S PWM pin 3.
 * Version 0.1 July, 2009
 * Copyright 2009 Ken Shirriff
 * http://arcfn.com
 */

#include <IRremote.h>

IRsend irsend;

void setup()
{
  // Serial.begin(9600);
}

void loop() {
   if (Serial.read() != -1) {
      for (int i = 0; i < 3; i++) {
         irsend.sendNEC(0x4FB48B7, 32);
         delay(40);
      }
   }
}
```

參考資料：shirriff GITHUB(https://github.com/shirriff/ESP32S-IRremote)

表 67 紅外線接收模組測試程式

紅外線接收模組測試程式(IRrecvDemo)

```
/*
 * IRremote: IRrecvDemo - demonstrates receiving IR codes with IRrecv
 * An IR detector/demodulator must be connected to the input RECV_PIN.
 * Version 0.1 July, 2009
 * Copyright 2009 Ken Shirriff
 * http://arcfn.com
 */

#include <IRremote.h>

int RECV_PIN = 13;

IRrecv irrecv(RECV_PIN);

decode_results results;

void setup()
{
  Serial.begin(9600);
  irrecv.enableIRIn(); // Start the receiver
}

void loop() {
  if (irrecv.decode(&results)) {
    Serial.println(results.value, HEX);
    irrecv.resume(); // Receive the next value
  }
  delay(100);
}
```

參考資料：shirriff GITHUB(https://github.com/shirriff/ESP32S-IRremote)

程式下載：https://github.com/brucetsao/ESP_37_Modules

當然、如圖 126 所示，我們可以看到紅外線發射接收模組測試程式測試程式結果畫面。

圖 126 紅外線發射接收模組測試程式測試程式結果畫面

線性霍爾磁力感測模組(A3144)

A3144E 霍爾零件 44E OH44E 霍爾感測器霍爾開關整合電路應用霍爾效應原理，採用半導體整合技術製造的磁敏電路，它是由電壓調整器、霍爾電壓發生器、差分放大器、史密特觸發器，溫度補償電路和集電極開路的輸出級組成的磁敏感測電路，其輸入為磁感應強度，輸出是一個數位電壓訊號。

產品特點：體積小、靈敏度高、響應速度快、溫度性能好、精確度高、可靠性高

典型應用：無觸點開關、汽車點火器、剎車電路、位置、轉速檢測與控制、安全報警裝置、紡織控制系統：

- 極限參數（25℃）

- 電源電壓 VCC·····················24V

- 輸出反向擊穿電壓 Vce··················50V

- 輸出低電平電流 IOL··················50mA

- 工作環境溫度 TA…………E 檔: -20～85℃，L 檔: -40～150℃
- 貯存溫度範圍 TS ………-65～150℃

    A3144 系列單極高溫霍爾效應整合感測器是由穩壓電源，霍爾電壓發生器，差分放大器，施密特觸發器和輸出放大器組成的磁敏感測電路,其輸入為磁感應強度,輸出是一個數位電壓訊號．它是一種單磁極工作的磁敏電路,適用於矩形或者柱形磁體下工作．可應用於汽車工業和軍事工程中． 它的封裝形式為 TO-92SP 典型應用場合：直流無刷風機／轉速檢測／無觸點開關／汽車點火器／位置控制／隔離檢測／安全報警裝置。

    3144E 霍爾高溫開關整合電路是應用霍爾效應原理，採用半導體整合技術製造的磁敏高溫電路，它是由電壓調整器，霍爾電壓發生器、差分放大器，施密特觸發器、溫度補償電路和集電極開路的輸出級組成的磁敏感測電路，其輸入為磁信號，輸出是一個數位電壓信號。

    所以本節介紹線性霍爾磁力感測模組(A3144) ，如下圖所示，它主要是使用霍爾 IC A3144 作成尋跡感測模組（Black/White Line Dectector）。

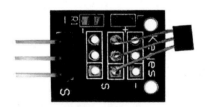

圖 127 線性霍爾磁力感測模組(A3144)

    本實驗是採用線性霍爾磁力感測模組(A3144)，如下圖所示，由於線性霍爾零件需要搭配基本量測電路，所以我們使用線性霍爾磁力感測模組(A3144)來當實驗主體，並不另外組立基本量測電路。

圖 128 線性霍爾磁力感測模組(A3144)零件圖

如下圖所示，先參考線性霍爾磁力感測模組(A3144)腳位接法，在遵照如下表所
示之旋轉編碼器模組接腳表進行電路組裝。

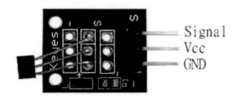

圖 129 線性霍爾磁力感測模組(A3144)腳位圖

表 68 線性霍爾磁力感測模組(A3144)接腳表

接腳	接腳說明	ESP32S 開發板接腳
1	Vcc	電源 (+5V) ESP32S +5V
2	GND	ESP32S GND
3	Signal	ESP32S GPIO 15
S	Led +	ESP32S GPIO 2
2	Led -	ESP32S GND

接腳	接腳說明	ESP32S 開發板接腳

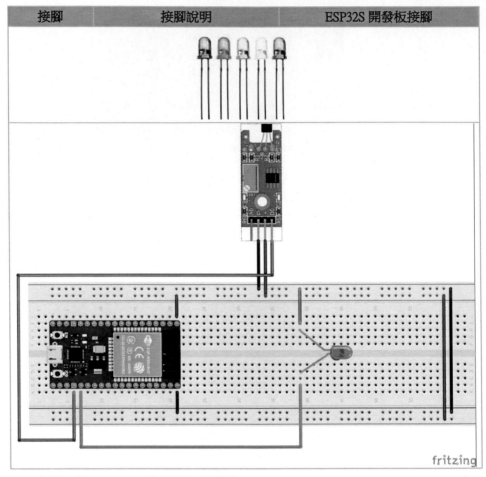

資料來源：ESP32 程式設計(基礎篇):ESP32 IOT Programming (Basic Concept & Tricks)(曹永忠, 2020a, 2020b; 曹永忠 et al., 2015f)

我們遵照前幾章所述，將 ESP 32 開發板的驅動程式安裝好之後，我們打開 ESP 32 開發板的開發工具：Sketch IDE 整合開發軟體(安裝 Arduino 開發環境，請參考『ESP32 程式設計(基礎篇):ESP32 IOT Programming (Basic Concept & Tricks)』之『Arduino 開發 IDE 安裝』(曹永忠, 2020a, 2020b, 2020f)，安裝 ESP 32 開發板 SDK 請參考『ESP32 程式設計(基礎篇):ESP32 IOT Programming (Basic Concept & Tricks)』之『安裝 ESP32 Arduino 整合開發環境』(曹永忠, 2020a, 2020b, 2020c, 2020e))，編寫一段程

式，如下表所示之線性霍爾磁力感測模組(A3144)測試程式，我們就可以透過線性霍爾磁力感測模組(A3144)來偵測任何磁力裝置。

表 69 線性霍爾磁力感測模組(A3144)測試程式

線性霍爾磁力感測模組(A3144)測試程式(Hall_A3144_sensor)

```
#define DPin 15
#define LedPin 2

  int val = 0 ;
  int oldval =0   ;
void setup()
{
pinMode(LedPin,OUTPUT);//設置數位 IO 腳模式，OUTPUT 為 Output
 pinMode(DPin,INPUT);//定義 digital 為輸入介面

  Serial.begin(115200);//設定串列傳輸速率為 115200
}
void loop() {

  val=digitalRead(DPin);//讀取感測器的值
   Serial.print(oldval);//輸出模擬值，並將其列印出來
   Serial.print("/");//輸出模擬值，並將其列印出來
   Serial.print(val);//輸出模擬值，並將其列印出來
   Serial.print("\n");//輸出模擬值，並將其列印出來

   if (val ==0)
   {
          if (val != oldval)
            {
                  digitalWrite(LedPin,HIGH)   ;
                    delay(2000);
                  oldval= val ;
            }
   }
   else
   {
```

```
        if (val != oldval)
          {
              digitalWrite(LedPin,LOW)  ;
               oldval= val ;
          }
        }
}
```

讀者可以看到本次實驗-線性霍爾磁力感測模組(A3144)測試程式結果畫面。

如下圖所示，我們可以看到線性霍爾磁力感測模組(A3144)測試程式結果畫面。

圖 130 線性霍爾磁力感測模組(A3144)測試程式結果畫面

類比霍爾磁力感測模組(49E)

霍爾元件 49E 是一種線性的磁力感測元件,沒有磁力影響時感值為 512(2.5V),隨著 N 極 S 極的接近,感值從 0.8V~4.2V,這樣就可以從數字中看出磁極及磁力大小

如下圖所示，所以本節介紹類比霍爾磁力感測模組(49E)，它主要是使用霍爾磁

力感測 IC 49E 作成類比霍爾磁力感測模組(49E)。

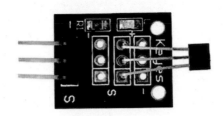

圖 131 類比霍爾磁力感測模組(49E)

　　本實驗是採用類比霍爾磁力感測模組(49E)，如下圖所示，由於霍爾磁力感測 IC
49E 需要搭配基本量測電路，所以我們使用類比霍爾磁力感測模組(49E)來當實驗主
體，並不另外組立基本量測電路。

圖 132 類比霍爾磁力感測模組(49E)零件圖

　　如下圖所示，先參考類比霍爾磁力感測模組(49E)腳位接法，在遵照如下表所示
之類比霍爾磁力感測模組(49E)。

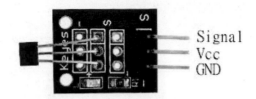

圖 133 類比霍爾磁力感測模組(49E)腳位圖

表 70 類比霍爾磁力感測模組(49E)接腳表

接腳	接腳說明	ESP32S 開發板接腳
1	Vcc	電源 (+5V) ESP32S +5V
2	GND	ESP32S GND
3	Signal	ESP32S GPIO 15(ADC 13)

資料來源：ESP32 程式設計(基礎篇):ESP32 IOT Programming (Basic Concept &

Tricks)(曹永忠, 2020a, 2020b; 曹永忠 et al., 2015f)

我們遵照前幾章所述，將 ESP 32 開發板的驅動程式安裝好之後，我們打開 ESP 32 開發板的開發工具：Sketch IDE 整合開發軟體(安裝 Arduino 開發環境，請參考『ESP32 程式設計(基礎篇):ESP32 IOT Programming (Basic Concept & Tricks)』之『Arduino 開發 IDE 安裝』(曹永忠, 2020a, 2020b, 2020f)，安裝 ESP 32 開發板 SDK 請參考『ESP32 程式設計(基礎篇):ESP32 IOT Programming (Basic Concept & Tricks)』之『安裝 ESP32 Arduino 整合開發環境』(曹永忠, 2020a, 2020b, 2020c, 2020e))，編寫一段程式，如下表所示之類比霍爾磁力感測模組(49E)測試程式，我們就可以透過類比霍爾磁力感測模組(49E)來偵測任何磁力裝置的強度。

表 71 類比霍爾磁力感測模組(49E)測試程式

類比霍爾磁力感測模組(49E)測試程式(Hall_49E_sensor)

```
#define APin A13

    int val = 0 ;
void setup()
{
 pinMode(APin,INPUT);//定義為類比輸入介面

   Serial.begin(115200);//設定串列傳輸速率為 115200
}
void loop() {

   val=analogRead(APin);//讀取感測器的值
    Serial.print(val);//輸出模擬值，並將其列印出來
    Serial.print("\n");//輸出模擬值，並將其列印出來

}
```

程式下載：https://github.com/brucetsao/ESP_37_Modules

讀者可以看到本次實驗-類比霍爾磁力感測模組(49E)測試程式結果畫面。

如下圖所示，我們可以看到類比霍爾磁力感測模組(49E)測試程式結果畫面。

圖 134 類比霍爾磁力感測模組(49E)測試程式結果畫面

可調線性霍爾磁力感測模組(49E)

霍爾元件 49E 是一種線性的磁力感測元件,沒有磁力影響時感值為 512(2.5V),隨著 N 極 S 極的接近,感值從 0.8V~4.2V,這樣就可以從數字中看出磁極及磁力大小

如下圖所示，所以本節介紹可調線性霍爾磁力感測模組(49E)，它主要是使用霍爾磁力感測 IC 49E 作成類比霍爾磁力感測模組(49E)，本模組和上面不同的地方是：它兼備有線性霍爾磁力感測模組(A3144)可以偵測磁力,且數位輸出訊號告訴使用者有磁力，還兼備類比霍爾磁力感測模組(49E)的特性，可以輸出磁力的大小。

圖 135 可調線性霍爾磁力感測模組(49E)

本實驗是採用類比霍爾磁力感測模組(49E)，如下圖所示，由於霍爾磁力感測 IC 49E 需要搭配基本量測電路，所以我們使用類比霍爾磁力感測模組(49E)來當實驗主體，並不另外組立基本量測電路。

圖 136 類比霍爾磁力感測模組(49E)零件圖

如下圖所示，先參考可調線性霍爾磁力感測模組(49E)腳位接法，在遵照如下表所示之可調線性霍爾磁力感測模組(49E)。

圖 137 可調線性霍爾磁力感測模組(49E)腳位圖

表 72 可調線性霍爾磁力感測模組(49E)接腳表

接腳	接腳說明	ESP32S 開發板接腳
Vcc & GND	Vcc	電源 (+5V) ESP32S +5V
	GND	ESP32S GND
DataOut	Signal	ESP32S GPIO 15
	Analog Signal	ESP32S GPIO 4(ADC 0)

1	Led +	ESP32S GPIO 2

接腳	接腳說明	ESP32S 開發板接腳
2	Led -	ESP32S GND

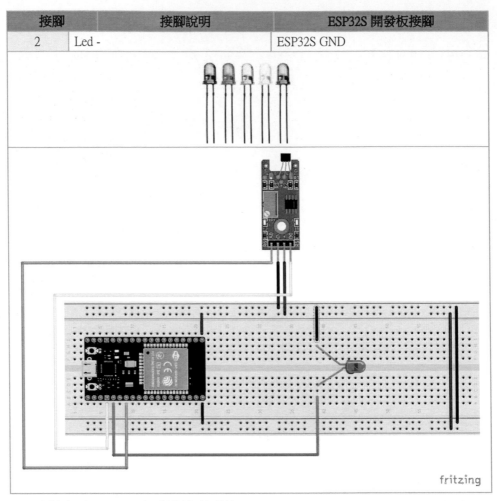

資料來源：ESP32 程式設計(基礎篇):ESP32 IOT Programming (Basic Concept & Tricks)(曹永忠, 2020a, 2020b; 曹永忠 et al., 2015f)

我們遵照前幾章所述，將 ESP 32 開發板的驅動程式安裝好之後，我們打開 ESP 32 開發板的開發工具：Sketch IDE 整合開發軟體(安裝 Arduino 開發環境，請參考 『ESP32 程式設計(基礎篇):ESP32 IOT Programming (Basic Concept & Tricks)』之 『Ar-duino 開發 IDE 安裝』(曹永忠, 2020a, 2020b, 2020f)，安裝 ESP 32 開發板 SDK 請參考 『ESP32 程式設計(基礎篇):ESP32 IOT Programming (Basic Concept & Tricks)』之 『安裝 ESP32 Arduino 整合開發環境』(曹永忠, 2020a, 2020b, 2020c, 2020e))，編寫一段程

式，如下表所示之可調線性霍爾磁力感測模組(49E)測試程式，我們就可以透過可調線性霍爾磁力感測模組(49E)來偵測任何磁力裝置的強度。

表 73 可調線性霍爾磁力感測模組(49E)測試程式

可調線性霍爾磁力感測模組(49E) (Hall_49E_digital_sensor)

程式下載：https://github.com/brucetsao/ESP_37_Modules

讀者可以看到本次實驗-可調線性霍爾磁力感測模組(49E)測試程式結果畫面。

如下圖所示，我們可以看到可調線性霍爾磁力感測模組(49E)測試程式結果畫面。

圖 138 可調線性霍爾磁力感測模組(49E)測試程式結果畫面

章節小結

本章主要介紹如何使用常用模組高階的介紹，透過 ESP32S 開發板來作進階實驗。

本書總結

作者對於 ESP32S 相關的書籍，也出版許多書籍，感謝許多有心的讀者提供作者許多寶貴的意見與建議，作者群不勝感激，許多讀者希望作者可以推出更多的入門書籍給更多想要進入『ESP32S』、『Maker』這個未來大趨勢，所有才有這個入門系列的產生。

本系列叢書的特色是一步一步教導大家使用更基礎的東西，來累積各位的基礎能力，讓大家能更在 Maker 自造者運動中，可以拔的頭籌，所以本系列是一個永不結束的系列，只要更多的東西被製造出來，相信作者會更衷心的希望與各位永遠在這條 Maker 路上與大家同行。

作者介紹

曹永忠 (Yung-Chung Tsao) ，國立中央大學資訊管理學系博士，目前在國立暨南國際大學電機工程學系與國立高雄科技大學商務資訊應用系兼任助理教授與自由作家，專注於軟體工程、軟體開發與設計、物件導向程式設計、物聯網系統開發、Arduino 開發、嵌入式系統開發。長期投入資訊系統設計與開發、企業應用系統開發、軟體工程、物聯網系統開發、軟硬體技術整合等領域，並持續發表作品及相關專業著作。

Email:prgbruce@gmail.com

Line ID：dr.brucetsao

WeChat：dr_brucetsao

作者網站：https://www.cs.pu.edu.tw/~yctsao/

臉書社群(Arduino.Taiwan)：https://www.facebook.com/groups/Arduino.Taiwan/

Github 網站：https://github.com/brucetsao/

原始碼網址：https://github.com/brucetsao/ESP_37_Modules

Youtube：https://www.youtube.com/channel/UCcYG2yY_u0m1aotcA4hrRgQ

張程（Zhang Cheng），南寧師範大學電子信息工程專業學生，目前在臺灣國立暨南國際大學交換學習。感興趣的研究領域為物聯網系統設計與開發、視覺影像處理、Arduino 開發，嵌入式系統開發等，多次參加大學生電子設計競賽及自造松比賽。

Email:1748271850@qq.com

Email:zc96969696@gmail.com

WeChat：anhaoshisha

鄭昊緣（Zheng Haoyuan），南寧師範大學電子信息工程專業學生，目前在臺灣國立暨南國際大學交換學習。感興趣的研究領域為物聯網系統設計與開發、視覺影像處理、Arduino 開發，嵌入式系統開發等，多次參加大學生電子設計競賽、互聯網+、大學生創新創業大賽及自造松比賽。
Email:1592833061@qq.com
WeChat：SHMILY081866

楊柳姿 (Liuzi yang)，南寧師範大學物電院電子信息工程班，曾於國立暨南國際大學電機工程學系交換學習，感興趣的研究領域為軟體開發與設計、物聯網系統開發、Arduino 開發、嵌入式系統開發。
Email：1254288510@qq.com
Wechat:13548812871

QQ:1254288510

楊楠 (Nan Yang)，南寧師範大學物電院電子資訊工程班，曾於國立暨南國際大學電機工程學系交換學習，感興趣的研究領域為物聯網系統設計與開發、嵌入式系統軟體設計開發。
Email：2258741268@qq.com
Wechat:yn000712520
QQ:2258741268

參考文獻

曹永忠. (2016). 【MAKER 系列】程式設計篇－ DEFINE 的運用. *智慧家庭*. Retrieved from http://www.techbang.com/posts/47531-maker-series-program-review-define-the-application-of

曹永忠. (2020a). *ESP32 程式设计(基础篇):ESP32 IOT Programming (Basic Concept & Tricks)* (初版 ed.). 台湾、彰化: 渥瑪數位有限公司.

曹永忠. (2020b). *ESP32 程式設計(基礎篇):ESP32 IOT Programming (Basic Concept & Tricks)* (初版 ed.). 台灣、彰化: 渥瑪數位有限公司.

曹永忠. (2020c, 2020/03/11). NODEMCU-32S 安裝 ARDUINO 整合開發環境. *智慧家庭*. Retrieved from http://www.techbang.com/posts/76747-nodemcu-32s-installation-arduino-integrated-development-environment

曹永忠. (2020d, 2020/03/12). 安裝 ARDUINO 線上函式庫. *智慧家庭*. Retrieved from http://www.techbang.com/posts/76819-arduino-letter-library-installation-installing-online-letter-library

曹永忠. (2020e, 2020/03/09). 安裝 NODEMCU-32S LUA Wi-Fi 物聯網開發板驅動程式. *智慧家庭*. Retrieved from http://www.techbang.com/posts/76463-nodemcu-32s-lua-wifi-networked-board-driver

曹永忠. (2020f). 【物聯網系統開發】Arduino 開發的第一步：學會 IDE 安裝，跨出 Maker 第一步. *智慧家庭*. Retrieved from http://www.techbang.com/posts/76153-first-step-in-development-arduino-development-ide-installation

曹永忠, 吳佳駿, 許智誠, & 蔡英德. (2016a). *Ameba 气氛灯程序开发(智能家庭篇):Using Ameba to Develop a Hue Light Bulb (Smart Home)* (初版 ed.). 台湾、彰化: 渥瑪數位有限公司.

曹永忠, 吳佳駿, 許智誠, & 蔡英德. (2016b). *Ameba 氣氛燈程式開發(智慧家庭篇):Using Ameba to Develop a Hue Light Bulb (Smart Home)* (初版 ed.). 台湾、彰化: 渥瑪數位有限公司.

曹永忠, 吳佳駿, 許智誠, & 蔡英德. (2016c). *Ameba 程式設計(基礎篇):Ameba RTL8195AM IOT Programming (Basic Concept & Tricks)* (初版 ed.). 台湾、彰化: 渥瑪數位有限公司.

曹永忠, 吳佳駿, 許智誠, & 蔡英德. (2016d). *Ameba 程序设计(基础篇):Ameba RTL8195AM IOT Programming (Basic Concept & Tricks)* (初版 ed.). 台湾、彰化: 渥瑪數位有限公司.

曹永忠, 吳佳駿, 許智誠, & 蔡英德. (2017a). *Ameba 程式設計(物聯網基礎篇):An Introduction to Internet of Thing by Using Ameba RTL8195AM* (初版 ed.). 台湾、彰化: 渥瑪數位有限公司.

曹永忠, 吳佳駿, 許智誠, & 蔡英德. (2017b). *Ameba 程序设计(物联网基础篇):An Introduction to Internet of Thing by Using Ameba RTL8195AM* (初版 ed.). 台湾、彰化: 渥瑪數位有限公司.

曹永忠, 吳佳駿, 許智誠, & 蔡英德. (2017c). *Arduino 程式設計教學(技巧篇):Arduino Programming (Writing Style & Skills)* (初版 ed.). 台湾、彰化: 渥瑪數位有限公司.

曹永忠, 許智誠, & 蔡英德. (2015a). *Arduino 实作布手环:Using Arduino to Implementation a Mr. Bu Bracelet* (初版 ed.). 台湾、彰化: 渥瑪數位有限公司.

曹永忠, 許智誠, & 蔡英德. (2015b). *Arduino 程式教學(入門篇):Arduino Programming (Basic Skills & Tricks)* (初版 ed.). 台湾、彰化: 渥玛数位有限公司.

曹永忠, 許智誠, & 蔡英德. (2015c). *Arduino 程式教學(無線通訊篇):Arduino Programming (Wireless Communication)* (初版 ed.). 台湾、彰化: 渥瑪數位有限公司.

曹永忠, 許智誠, & 蔡英德. (2015d). *Arduino 编程教学(无线通讯篇):Arduino Programming (Wireless Communication)* (初版 ed.). 台湾、彰化: 渥瑪數位有限公司.

曹永忠, 許智誠, & 蔡英德. (2015e). *Arduino 编程教学(常用模块篇):Arduino Programming (37 Sensor Modules)* (初版 ed.). 台湾、彰化: 渥玛数位有限公司.

曹永忠, 許智誠, & 蔡英德. (2015f). *Arduino 編程教学(入门篇):Arduino Programming (Basic Skills & Tricks)* (初版 ed.). 台湾、彰化: 渥玛数位有限公司.

曹永忠, 許智誠, & 蔡英德. (2016a). *Arduino 程式教學(基本語法篇):Arduino Programming (Language & Syntax)* (初版 ed.). 台湾、彰化: 渥瑪數位有限公司.

曹永忠, 許智誠, & 蔡英德. (2016b). *Arduino 程序教学(基本语法篇) :Arduino Programming (Language & Syntax)* (初版 ed.). 台湾、彰化: 渥瑪數位有限公司.

曹永忠, 郭晉魁, 吳佳駿, 許智誠, & 蔡英德. (2016). MAKER 系列-程式設計篇:多腳位定義的技巧(上篇). *智慧家庭*. Retrieved from http://www.techbang.com/posts/48026-program-review-pin-definition-part-one

曹永忠, 郭晉魁, 吳佳駿, 許智誠, & 蔡英德. (2017). *Arduino 程序设计教学(技巧篇):Arduino Programming (Writing Style & Skills)* (初版 ed.). 台湾、彰化: 渥瑪數位有限公司.

維基百科. (2016, 2016/011/18). 發光二極體. Retrieved from https://zh.wikipedia.org/wiki/%E7%99%BC%E5%85%89%E4%BA%8C%E6%A5%B5%E7%AE%A1

ESP32S 程式教學（常用模組篇）
ESP32 IOT Programming (37 Modules)

作　　　者：曹永忠、張程、鄭昊緣、楊柳姿、楊楠

發 行 人：黃振庭

出 版 者：崧燁文化事業有限公司

發 行 者：崧燁文化事業有限公司

E-mail：sonbookservice@gmail.com

粉 絲 頁：https://www.facebook.com/
　　　　　sonbookss/

網　　　址：https://sonbook.net/

地　　　址：台北市中正區重慶南路一段六十一號八
　　　　　樓 815 室

Rm. 815, 8F., No.61, Sec. 1, Chongqing S. Rd.,
Zhongzheng Dist., Taipei City 100, Taiwan

電　　　話：(02) 2370-3310

傳　　　真：(02) 2388-1990

印　　　刷：京峯彩色印刷有限公司（京峰數位）

律師顧問：廣華律師事務所 張珮琦律師

國家圖書館出版品預行編目資料

ESP32S 程式教學 . 常用模組篇 = ESP32 IOT programming(37 modules) / 曹永忠，張程，鄭昊緣，楊柳姿，楊楠著. -- 第一版. -- 臺北市：崧燁文化事業有限公司，2022.03
　　面；　公分
POD 版
ISBN 978-626-332-082-6(平裝)
1.CST: 系統程式 2.CST: 電腦程式設計
312.52　111001400

定　　　價：300 元

發行日期：2022 年 03 月第一版

◎本書以 POD 印製

官網

臉書